DUDEN

**Fehlerfreies
Deutsch**

DUDEN-TASCHENBÜCHER
Praxisnahe Helfer zu vielen Themen

DUDEN

Fehlerfreies Deutsch

von Dieter Berger

2., neu bearbeitete
und erweiterte Auflage

DUDENVERLAG
Mannheim/Leipzig/Wien/Zürich

CIP-Kurztitelaufnahme der Deutschen Bibliothek

Berger, Dieter:
Duden „Fehlerfreies Deutsch" / von Dieter
Berger. - 2., neu bearb. u. erw. Aufl. -
Mannheim; Wien; Zürich: Bibliographisches
Institut, 1982.
(Die Duden-Taschenbücher; Bd. 14)
ISBN 3-411-01958-1
NE: HST; GT

© Bibliographisches Institut, Mannheim 1982
Satz: Bibliographisches Institut (DIACOS Siemens) und
Mannheimer Morgen Großdruckerei und
Verlag GmbH (Digiset 40 T 30)
Druck: Klambt-Druck GmbH, Speyer
Bindearbeit: Pilger-Druckerei GmbH, Speyer
Printed in Germany
ISBN 3-411-01958-1

Vorwort

Fehlerfreies Deutsch – vielleicht ist es gar nicht so schwer, wenn man auf die richtigen Vorbilder achtet. Gute Schriftsteller gibt es genug, seien es nun Romanautoren, Journalisten, Wissenschaftler oder Männer der Praxis, und auch sie haben das Schreiben durch Lesen gelernt: nicht nur den guten Stil, sondern gerade auch den richtigen Sprachgebrauch. Wer also viel und mit Verstand liest, wird bald das gute Allgemeingültige von weniger guten oder unrichtigen Ausdrucksweisen zu unterscheiden lernen.

Trotzdem bleiben immer Punkte, in denen wir unsicher sind: in den Formen der Wörter, in ihrer Bildung und Anwendung, im Bau der Sätze. Landschaftliche Gewohnheiten und eingefahrene Redeweisen der Umgangssprache, aber auch mancherlei nicht erkannte Nachlässigkeiten erschweren den Zugang zum korrekten Hochdeutsch; veraltete oder mißverstandene Regeln versperren die Einsicht in Entwicklung und Fortgang unserer Sprache. Auch die erwähnten guten Schriftsteller sind nicht immer frei von solchen Mängeln.

Der Leser darf in diesem Taschenbuch keine streng systematische und schon gar keine vollständige Behandlung sprachlicher Zweifelsfälle erwarten. Er findet eine Anzahl Betrachtungen, die jeweils in sich abgeschlossen oder zu kleinen Ketten mit verwandten Themen vereinigt sind. Er findet auch Tabellen zur Behandlung der Adjektive und der Präpositionen. Es wurde versucht, wenigstens die wichtigsten Fragen zu klären oder doch zu berühren, Fragen, die der Sprachberatung der Dudenredaktion seit vielen Jahren immer wieder gestellt werden. Wer eine bestimmte Auskunft oder bestimmte Wörter sucht, möge das umfängliche Wort- und Sachregister am Ende des Bandes benutzen.

Vor allem soll der Leser einen Eindruck davon erhalten, wie die sprachlichen Erscheinungen untereinander zusammenhängen und was sie bedingt. Grammatische Regeln sind keine ausgeklügelten, starren Statuten, sondern sie erwachsen aus dem lebenden Ganzen der Sprache.

Diese Sammlung wäre nicht möglich gewesen ohne die Sprachkartei und das Material der Sprachberatungsstelle der Dudenredaktion. Vor allem aber verdankt sie viel der engen Zusammenarbeit mit den Mitgliedern der Dudenredaktion.

Mannheim, 15. April 1982   Dieter Berger

Inhaltsverzeichnis

Aus der Formenlehre

Wortbildung und Wortgebrauch

Aus der Satzlehre

Aus der Formenlehre

Das Wort – die Wörter – die Worte

Eine Sprache besteht aus Wörtern. Und von Wörtern soll in diesem Buch die Rede sein: von ihren Formen, von ihrer Bildung und von ihrem richtigen Gebrauch.

Von *Wörtern* wollen wir also sprechen, nicht von *Worten*. Die beiden Pluralformen werden oft verwechselt. Und dabei hat ihnen der Sprachgebrauch doch ganz verschiedene Bedeutungen zugewiesen. – Was ist denn ein *Wort*? Was sind *Wörter*, was sind *Worte*?

Jedes Wort ist eine selbständige Einheit, die aus Lauten besteht und eine bestimmte Bedeutung oder zum mindesten eine Funktion in der Sprache hat. Das Ineinanderwirken von Lautform und Bedeutungsgehalt ist so stark, daß wir auch Wortformen, die erheblich voneinander abweichen, als Ausprägungen ein und desselben Wortes erkennen und akzeptieren: *denken – ich dachte; schneiden – er schnitt; du stehst – wir standen; gut – besser – am besten.* Ja, es wird uns nicht einmal bewußt, daß etwa die Wörter *bin – seid – war* ganz verschiedene Stämme enthalten. Wir gebrauchen sie unbefangen als Formen des einen Zeitworts „sein".

Hier zeigt sich also schon ein erster Unterschied: Die Wörter im Satz, die wir beim Sprechen und Schreiben je nach Bedarf in dieser oder jener Form verwenden, sind etwas anderes als die Wörter im Wörterbuch. Wer z. B. die Häufigkeit von Wörtern feststellen will, muß erst einmal die gebräuchlichen Wortformen (die Wörter im Text) zählen. Erst wenn er weiß, wie oft „ist", „war", „sind", „sei" usw. in einem Text vorkommen, kann er sagen, welche Häufigkeit das Zeitwort „sein" in diesem Text hat. Und dabei muß er noch die Fälle ausscheiden, in denen „sein" das Possessivpronomen (das besitzanzeigende Fürwort) ist *(sein Haus).*

So sind also „Wort" und „Wort", sind „Wörter" und „Wörter" als Begriffe nicht das gleiche. Nur eines haben sie gemeinsam: Wo die Mehrzahlform *Wörter* gebraucht wird, da sind immer die einzelnen Lautgebilde gemeint:

○ Es gibt lange, kurze, ein- und mehrsilbige, groß und klein geschriebene *Wörter*, schwierige, neue, veraltete, geläufige, drastische, derbe, unanständige *Wörter*, Sätze mit zehn und solche mit zwanzig *Wörtern.* Man kann die *Wörter* einer Sprache sammeln, beschreiben und erklären. Man kann *Wör-*

ter zählen, buchstabieren, einsetzen oder streichen, man kann einzelne *Wörter* im Druck sperren oder kursiv setzen. Die *Wörter* „Beat" und „Sound" sind aus dem Englischen entlehnt worden.

Ist dagegen das Wort als Träger eines Sinnes gemeint, dann tritt im allgemeinen die Pluralform *Worte* ein:

○ Die *Worte* „Frieden" und „Freiheit" werden oft mißbraucht. „Freizeit" und „Mitbestimmung" sind zentrale *Worte* der modernen Gesellschaft. In seinem Brief hatte er die *Worte* „sofort" und „vollständig" unterstrichen.

Könnte man hier im letzten Beispiel auch *Wörter* sagen, so ist das nicht mehr möglich, wenn *Wort* im Sinne von „Ausspruch, Äußerung, zusammenhängender Text" gebraucht wird *(ein Wort Goethes; ich muß einmal ein offenes Wort mit dir sprechen).* Hier ist nur der Plural *Worte* möglich:

○ Er richtete ein paar freundliche *Worte* an die Besucher. Seine *Worte* werde ich nie vergessen. In wenigen *Worten* informierte er uns. Mach nicht so große *Worte*! Spare dir deine *Worte*!

Halten wir also fest:

● Der Plural *Wörter* bezeichnet die einzelnen Lautgebilde mit bestimmter Bedeutung oder Funktion. Der Satz besteht aus *Wörtern*, und im Wörterbuch sind *Wörter* gesammelt.

● Der Plural *Worte* bezeichnet entweder Begriffe, oder er bezeichnet Äußerungen und Aussprüche, also Teile zusammenhängender Rede.

Entsprechendes gilt für die Zusammensetzungen:

○ W ö r t e r : Die Grammatik unterscheidet *Hauptwörter, Zeitwörter* und *Eigenschaftswörter*. Es gibt *Fremdwörter* und *Lehnwörter*. Viele *Fachwörter* der Chemie und Medizin sind Allgemeingut geworden. *Modewörter* wie „Anliegen", „Gespür", „genau!" kommen auf und verschwinden wieder.

○ W o r t e : Der Präsident spricht *Begrüßungsworte, Schlußworte*, der Geistliche die *Einsetzungsworte* (beim Abendmahl). Ein Buch wird mit einem *Vorwort* oder auch mit zwei *Vorworten* (vom Verfasser und vom Herausgeber) versehen.

Aber Ausnahmen gibt es natürlich auch: Das *Sprichwort*, das doch ein Ausspruch ist, hat den Plural *Sprichwörter*, und das *Losungswort* (die militärische Parole) hat gewöhnlich den Plural *Losungsworte*.

Zwei Plurale hat z. B. *Stichwort*: Im Lexikon und Wörterbuch werden die *Stichwörter* erläutert und vom Benutzer aufgesucht. Den Text eines Referats aber kann man nur in *Stichworten* notieren, d. h. in Bruchstücken des Ganzen. Auch der Schauspieler, der auf sein *Stichwort* wartet, hat sich die Endworte seines Partners als *Stichworte*, nicht als *Stichwörter*, im Rollenmanuskript notiert.

Von Bänken und Banken, Drucken und Drücken

Doppelte Pluralformen, wie sie im Eingangskapitel an einem Beispiel behandelt wurden, kennt unsere Sprache in großer Zahl. Fast
nie werden sie ganz ohne Unterschied gebraucht. Denn es gehört
zum Wesen der Sprache, daß sie Doppelformen nur duldet, wenn ir-
gendein besonderer Inhalt oder eine Kennzeichnung damit verbunden ist. Gerade in der Hochsprache wird meist nur eine der Formen
anerkannt, die andern aber werden der jeweiligen Mundart oder
landschaftlichen Umgangssprache überlassen, in der sie von Haus
aus üblich sind.

Das Ergebnis solcher Ausscheidungsvorgänge kann von Wort zu
Wort verschieden sein. Allgemeine Regeln gibt es dabei nicht.

○ Wer z. B. *die Bögen, die Krägen, die Wägen* sagt, der ist bestimmt ein
Süddeutscher. In der Hochsprache heißt es: *die Bogen, die Kragen, die Wa-
gen.* Den Plural *Bögen* allerdings findet man gelegentlich auch bei guten
Schriftstellern, die nicht aus Süddeutschland stammen. Aber *Wägen* und
Krägen ist nur landschaftlich.

○ Umgekehrt heißt es in der Hochsprache *die Böden, die Kästen, die Lä-
den, die Mägen.* Hier sind die Formen ohne Umlaut selten. Eine Besonderheit ist der Plural *die Läger* in der Bedeutung „Warenlager". Diese eigentlich landschaftliche Form hat sich von Süddeutschland her allgemein in
der Kaufmannssprache eingebürgert.

Es kommt eben darauf an, welche Landschaft, welche Berufsgruppe
u. dgl. ihre Form in der Hochsprache durchsetzen konnte.

Sind aber zwei oder mehr Pluralformen nebeneinander anerkannt,
dann hat sich fast immer eine alte Grundbedeutung aufgespalten.
Ein bekanntes Beispiel dafür ist das Wort „Band":

○ *Die Bänder* sind schmale Streifen aus Stoff, Metall oder anderem Material *(Seidenbänder, Flechtbänder, Farbbänder; Stahlbänder, Fließbänder,
Magnetbänder). Die Bande* sind Fesseln (heute nur noch dichterisch oder
scherzhaft: Der Gefangene liegt *in Banden*; die Liebe schlingt *zarte Bande).* Die beiden Pluralformen stehen schon im Althochdeutschen als *diu
bant* und *diu bentir* nebeneinander, aber ihre Bedeutungen haben sich erst
im Neuhochdeutschen geschieden. Dazu kam seit dem 17. Jahrhundert mit
anderem Geschlecht *der Band,* Plural: *die Bände* mit den Bedeutungen
„Bucheinband" und „gebundenes Buch" *(Pappbände, Leinenbände, Ge-
dichtbände, Sammelbände).*

In ähnlicher Weise unterscheidet man die mit *Band* durch Ablaut
verwandten Wörter

○ *das Bund* „Zusammengebundenes", Plural: *die Bunde* (z. B. *die Reisig-
bunde, die Strohbunde, die Garnbunde)* und *der Bund,* Plural: *die Bünde* mit

den Bedeutungen „Vereinigung, Bündnis" *(Jugendbünde, Geheimbünde, Staatenbünde)* und „Bindestück" *(die Hosenbünde, die Rockbünde).* Nur die *Schlüsselbunde* weichen hier ab. Sie gehören natürlich zur ersten Gruppe, doch heißt es *das* oder *der Schlüsselbund.*

Hier wird also nicht nur der Plural, sondern – wenn auch nicht ausnahmslos – auch das Geschlecht der Wörter zur Unterscheidung benutzt. Ähnlich ist es bei dem Wort „Schild":

O *Der Schild,* Plural: *die Schilde,* das ist die bekannte Schutzwaffe des Altertums und der Ritterzeit und danach bis heute *der Wappenschild.* Aber auch die *Schutzschilde* der Schweißer und *der Hitzeschild* in der Raumfahrt gehören hierher.

O *Das Schild,* Plural: *die Schilder,* bezeichnet eine Aushängetafel u. ä. *(das Wirtshausschild, das Firmenschild, das Email-* oder *Messingschild* des Arztes oder des Anwalts, *die Türschilder* an den Wohnungen, *die Hinweis-* und *Verbotsschilder* im Verkehr, *Flaschenschilder, Klebeschilder* und vieles andere).

O Die Grenzen zwischen den beiden Formen sind nicht immer so scharf gezogen. Den *Wappenschild* gibt es z. B. auch als Neutrum, vielleicht in Anlehnung an „das Wappen". Und *das Mützenschild,* das eigentlich als schützender Mützenschirm zur ersten Gruppe gehört, hat sich an die zweite angeschlossen.

In vielen Fällen sind zweite Pluralformen in den Fachsprachen aufgekommen und von da in die Gemeinsprache gelangt:

O *Sauen* nennt der Jäger seit dem 18. Jahrhundert die Wildschweine ohne Unterschied des Geschlechts. Die ältere Form *Säue* dagegen bezeichnet gewöhnlich die Hausschweine, und nur diese Form wird auch als Schimpfwort gebraucht. – Der Techniker unterscheidet verschiedene *Stähle* und *Stäube* (oder *Staube*), während die Gemeinsprache nur die Singularformen *Stahl* und *Staub* kennt. Und wo für die Gemeinsprache nur *die Wasser* rauschen und gurgeln, da unterscheidet der Fachmann *Abwässer, Mineralwässer, Haarwässer, Rasierwässer* und mancherlei andere *Wässer.* – Dörfer und Städte nennt man zusammenfassend *Orte,* aber der Mathematiker spricht von geometrischen *Örtern.* – Pfähle werden mit dem *[Ramm]bär* (Genitiv *des Bärs,* Plural meist *die Bäre*) eingerammt, und der hat nichts mehr mit dem wilden *Bären* (Plural *die Bären*) zu tun.

O Ganz merkwürdig ist es mit der *Schraubenmutter.* Wer denkt daran, daß hier das gleiche Wort vorliegt wie bei der Mutter der Kinder? Dabei ist der abweichende Plural *Muttern, Schraubenmuttern* erst im 19. Jahrhundert durchgedrungen. Ein altes Wörterbuch von 1664 spricht hier vom *mütterlein einer schrauben.* Die Grundvorstellung für die Benennung war die einer Hohlform, in der die Schraube ruht wie in einem Mutterschoß.

Zwei Sonderfälle wollen wir nun zum Schluß noch betrachten:

Die Drucke / die Drücke

Bücher sind Druckwerke. Wir kennen *Abdrucke, Nach-* und *Neudruk-ke, Raubdrucke, Sonderdrucke* und ähnliches. Im gewöhnlichen Leben aber sprechen wir von *Händedrücken,* von den *Abdrücken* eines Fußes im Boden, wir sammeln *Eindrücke* und gebrauchen – hoffentlich salonfähige – *Ausdrücke.* Von *Drücken* spricht auch der Techniker, wenn er *Gasdrücke* und *Wasserdrücke* mißt und vergleicht. – Nun, die Einzahl für alle diese Wörter lautet *der Druck.* Aber *Druck* und *Druck* ist nicht das gleiche. Genaugenommen haben wir es mit zwei verschiedenen Substantiven zu tun. Der Unterschied liegt schon im Verb: Der Buchdrucker *druckt,* aber der Rucksack *drückt.* Als im 15. Jahrhundert Gutenbergs Erfindung zuerst in Oberdeutschland ausgebaut wurde, in den Werkstätten von Augsburg, Basel, Straßburg und Nürnberg, da wurde die umlautlose oberdeutsche Form *drucken* (statt *drücken*) zum Fachwort der Schwarzen Kunst, und seitdem unterscheidet man auch die *Drucke* von den *Drücken.* Im Textilwesen, wo bedruckte Stoffe ja eine große Rolle spielen, sagt man für diese Stoffe und ihre Muster sogar *die Drucks* (vgl. auch S. 15).

Die Bänke / die Banken

Die hölzerne *Sitzbank* gab es schon im germanischen Altertum. Wahrscheinlich war es ursprünglich einfach eine flache Erdaufschüttung, wie die *Rasenbank* in alten Gärten. Zu diesem germanischen Wort (althochdeutsch *banc*) gehört der Plural *Bänke.* Aber das Wort ist früh in die romanischen Sprachen entlehnt worden und hat in der italienischen Sprache die Bedeutung „langer Tisch des Geldwechslers" angenommen. Im 15. Jahrhundert wurde italien. *banca, banco* mit der Bedeutung „Geldinstitut" wieder ins Deutsche übernommen, und seitdem unterscheiden wir zwischen den *Bänken* und den *Banken.*

Soweit ist alles klar, und bei den Zusammensetzungen gibt es auch keine Schwierigkeiten: Hier *die Holzbänke, Gartenbänke, Schulbänke, die Sandbänke* und *Rasenbänke,* aber auch (mit der Bedeutung „langer Tisch") *die Fleischbänke (Freibänke), Drehbänke, Schnitzbänke* des Handwerks. Dort aber *die Kreisbanken, Landes-* und *Notenbanken,* die *Hypotheken-* und *Darlehensbanken* und auch *die Spielbanken,* die alle mit Geld zu tun haben. Dazu kommt nun in jüngster Zeit ein neuer Typ, nämlich *die Bank* als Sammelstelle (Depot) für Dinge, die schnell verfügbar sein müssen. Da gibt es für medizinische Zwecke *die Augenbank, die Blutbank, die Hautbank* und in der elektronischen Datenverarbeitung *die Datenbank.* Alle diese Wörter bilden ihren Plural nicht mit der Form *...bänke,* sondern mit *...banken*: *die Blutbanken, Augenbanken, die Datenbanken.* Es wäre doch merkwürdig, wollte man sich Blutkonserven auf langen Tischen *(Bänken)* aufgereiht vorstellen!

Die Decks, die Jungs, die Blocks

Der *-s-*Plural ist ein weites Feld. Hier kommen Einflüsse aus fremden Sprachen, aus dem Niederdeutschen und aus der allgemeinen Umgangssprache zusammen. Nicht alles, was dabei entsteht, ist in der Hochsprache korrekt, und in vielen Fällen scheint diese Pluralform eine Art Notlösung zu sein. Wir müssen uns, wie auch sonst in diesem Buch, auf einige Beispiele beschränken, wollen aber versuchen, die wesentlichen Gruppen von *-s-*Pluralen anzudeuten.

Niederdeutsche Wörter mit *-s-*Plural sind ins Hochdeutsche vor allem aus der Seemannssprache gekommen:

○ *die Decks* (Schiffsdecks), *die Hecks* (Schiffshinterteile, auch die hintersten Teile von Flugzeugen, Autos u. dgl.), *die Haffs* (Meeresbuchten), *die Wracks* (gestrandete, zerstörte Schiffe), *die Knicks* (Hecken zur Einfriedigung von Grundstücken); ferner, ursprünglich aus dem Niederländischen oder Englischen stammend, *die Docks* (Ausbesserungsanlagen für Schiffe), *die Piers, die Kais* (gemauerte Uferdämme).

Zu diesen Wörtern (außer *Knick*) führt der Duden auch Plurale auf *-e* an, sie sind aber weniger gebräuchlich. Andere Pluralformen, die aus dem Niederdeutschen stammen, sind vor allem in der norddeutschen Umgangssprache heimisch, z. B. *die Kerls, die Kumpels, die Bengels, die Jungs, die Steppkes,* alles mehr oder weniger „freundliche" Bezeichnungen für männliche Wesen. Noch häufiger als das gefühlsbetonte *Jungs* ist die Form *Jungens,* die eigentlich eine Verquickung aus *Jungs* und dem hochsprachlichen Plural *Jungen* ist. Wir wollen sie deshalb nicht tadeln, aber in der Hochsprache hat sie nichts zu suchen, genausowenig wie *die Fräuleins, die Mädels, die Mädchens* – lauter Formen, die die Volkssprache benutzt, um den Plural recht deutlich zu machen.

Mehr der Alltagssprache zugehörig und darum auch geläufiger sind die *-s-*Plurale bei den substantivierten Farbbezeichnungen *(die Blaus, die Graus, die Grüns, die Rots).* In der Hochsprache gilt hier nur die *-s-*lose Form:

○ Die Krawatte zeigt drei verschiedene *Blau* in ihrem Muster.

Sonst ist das *-s* gerade bei Substantiven, die auf Vokale oder Doppellaute (Diphthonge) ausgehen, fest geworden:

○ Er brachte drei *Hurras* aus. *Uhus* sind heute selten geworden. Zwei kleine *Nackedeis* saßen am Strand.

Ebenso bei vielen Kurzwörtern:

○ *die Autos, die Kinos, die Dias, die Fotos, die Akkus, die Pullis, die Jusos, die Loks, die Labors.*

Unter dem Einfluß solcher Wörter ist wohl auch der S. 13 erwähnte fachsprachliche Plural *die Drucks* im Textilwesen entstanden.

Bei Abkürzungen setzt man zwar selten ein Genitiv-*s* (*des Pkw, des EKG,* weniger *des Pkws, des EKGs*). Aber der Plural wird der Deutlichkeit wegen gewöhnlich mit -*s* gekennzeichnet:

○ *die Pkws, Lkws, EKGs; die AGs, GmbHs.*

Sehr häufig ist das -*s* bei Fremdwörtern, die aus dem Englischen oder Französischen kommen, denn in diesen Sprachen ist ja der -*s*-Plural zu Hause (vgl. auch S. 17):

○ *die Bankiers* (frz. *les banquiers*); *die Steaks* (engl. *the steaks*).

Werden solche Fremdwörter eingedeutscht, dann erscheinen neben den -*s*-Formen solche auf -*e*:

○ *die Ballons – die Ballone; die Balkons – die Balkone; die Portiers* (gesprochen *portießß*) – österr. *die Portiere* (gesprochen: *portir^e*).

Die Blöcke / die Blocks

Ein Sonderfall ist das Wort „Block". Dieses ursprünglich germanische Substantiv mit der Grundbedeutung „Holzklotz, Bohle" ist früh ins Französische und Englische entlehnt worden (frz. *bloc,* engl. *block*). Im Deutschen bezeichnet man damit klotzförmige, massive Gegenstände oder Brocken, und in dieser Bedeutung hat das Wort immer den Plural *Blöcke*:

○ *die Holzblöcke, Hackblöcke, Eisenblöcke, Steinblöcke, Felsblöcke, Eisblöcke, Betonblöcke, Motorblöcke.*

Im Französischen hatte sich neben der alten Bedeutung „Klotz" die Bedeutung „Zusammengepacktes, Zusammengeheftetes, Warenpack" entwickelt (vgl. *etwas en bloc* [d. h. „im ganzen"] *kaufen*), und zu Ende des 19. Jahrhunderts ist das französische Wort in der Bedeutung „Papierpacken [zum Abreißen]" ins Deutsche zurückentlehnt worden. Dabei hat man zum Teil auch die französische Pluralform *blocs* übernommen, die dann für Zusammensetzungen dieser Bedeutung lange bevorzugt wurde. Jedoch ist die deutsche Pluralform heute ebenso geläufig. Es gilt also:

○ *die Abreiß-, Notiz-, Brief-, Steno[gramm]-, Durchschreibe-, Rezept-, For-
mularblöcke oder -blocks.*

Es gibt jedoch Ausnahmen: Der Buchbinder sagt nur *die Buchblocks,*
wenn er die bindefertig zusammengehefteten Druckbogen eines Bu-
ches meint.

In einer anderen Bedeutung ist *Block* aus dem amerikanischen Englisch ins Deutsche gekommen, nämlich als „geschlossene Gebäude-
gruppe". Auch dafür gilt der fremdsprachliche *-s-*Plural neben der
deutschen Form.

○ *die Häuser-, Wohn-, Kasernenblöcke oder -blocks.*

Schließlich gibt es eine vierte Gruppe von Zusammensetzungen, in
der *Block* die Bedeutung „wirtschaftlicher oder politischer Zusam-
menschluß" hat. Obwohl auch diese Verwendung des Wortes vom
Englischen und Französischen beeinflußt ist, überwiegt im Deutschen die Vorstellung „kompaktes Ganzes". Auch hier werden also
beide Pluralformen nebeneinander gebraucht:

○ *die Bündnisblöcke oder -blocks, die Währungsblöcke oder -blocks, die
Wirtschaftsblöcke oder -blocks, die Machtblöcke oder -blocks.*

Wer sagt da „Kommatas"?

„Fremdwörter sind Glückssache!" So sagt man mit freundlicher
Nachsicht, wenn jemand *Albumine* und *Alimente* verwechselt oder
beim Kellner statt des *Menüs* ein *Menuett* bestellt. Aber nicht nur die
Bedeutungen der Fremdwörter, sondern auch ihre Formen sind oft
schwierig zu handhaben, weil sich hier mancherlei Einflüsse kreu-
zen.

Viele Substantive unter den Fremdwörtern, wohl die meisten, sind in
ihren Deklinationsformen eingedeutscht worden. Sie folgen der im
Deutschen üblichen starken, schwachen oder gemischten Deklination:

○ s t a r k : *der Apparat, des Apparat(e)s, die Apparate; der Komplex, des
Komplexes, die Komplexe; der Friseur, des Friseurs, die Friseure; das Frag-
ment, des Fragments, die Fragmente.*

○ s c h w a c h : *der Student, des Studenten, die Studenten; der Drogist, des
Drogisten, die Drogisten; der Soldat, des Soldaten, die Soldaten; die Kommission, der Kommission, die Kommissionen; die Figur, der Figur, die Figu-
ren.*

○ g e m i s c h t (d. h. nur im Plural schwach): *der Doktor, des Doktors, die
Doktoren; das Insekt, des Insekts, die Insekten; der Typ, des Typs, die Typen;
das Museum, des Museums, die Museen.*

Daneben gibt es den Plural auf -*s*, von dem S. 14ff. schon die Rede war. Er tritt vor allem bei Fremdwörtern aus dem Englischen und Französischen auf, weil er in diesen Sprachen heimisch ist:

○ englisch: *die Hobbys, die Ponys, die Steaks, die Slums, die Partys* oder *Parties, die Ladys* oder *Ladies;*

○ französisch: *die Salons, die Bankiers, die Büros, die Doubles;* aus andern Sprachen: *die Pianos, die Tornados, die Emus, die Geishas, die Iglus, die Anoraks.*

Manche Fremdwörter haben Doppelformen entwickelt, weil zwar die Deklination in der Ursprungssprache noch nachwirkt, auf der anderen Seite aber auch viele Sprecher diese Wörter als Bestandteile der deutschen Sprache ansehen und entsprechend beugen. So stehen z. B. Formen auf -*s* und solche auf -*e* nebeneinander:

○ *die Balkons – die Balkone; die Parks – die Parke; die Parfums – die Parfüms – die Parfüme.*

Lateinische und griechische Wörter, bei denen man zuerst die deutschen Endungen an den fremden Stamm setzte, haben neue Plurale vom Nominativ her gebildet:

○ *die Atlanten* (lat. *atlantes*) – *die Atlasse; die Globen* (lat. *globi*) – *die Globusse; die Alben* (lat. *alba*) – *die Albums* (umgangssprachl.).

Bei anderen Wörtern dieser Art sind die deutschen Formen allein üblich:

○ *die Zirkusse, die Krokusse, die Omnibusse.*

Einen doppelten Plural hat auch das Wort „Motor":

○ Zu der in der Alltagssprache häufig angewandten Endbetonung *Motor* gehört der starke Plural *Motore* (vgl. *der Major – die Majore, der Meteor – die Meteore, der Humor –* [selten:] *die Humore*). Da man aber meist nicht *Motore*, sondern – mit schwacher Endung – *Motoren* sagt, sollte man im Singular die erste Silbe betonen: *Motor* (vgl. *der Doktor – die Doktoren, der Traktor – die Traktoren, der Radiator – die Radiatoren*). In den Zusammensetzungen jedoch wird -*motor* fast immer auf der letzten Silbe betont, weil die erste zu nahe beim Hauptton des Wortes steht *(Dieselmotor, Elektromotor, Heckmotor).* Darum lassen sich die beiden Formen des Wortes „Motor" nicht immer sauber trennen.

Diese Unsicherheit in der Betonung zeigen allerdings auch andere Wörter auf -*or*. Es wird eben einfach die Betonung der Pluralformen auf den Singular übertragen.

○ So kommt bei „Pastor" neben der ursprünglichen Betonung *Pastor* auch die Endbetonung *Pastor* vor, und in Norddeutschland hört man neben *die Pastoren* auch den starken Plural *die Pastore* (umgangssprachl. sogar die Pastöre). Auch der *Kantor* erscheint nicht selten als *Kantor*. Dies letzte gilt

allerdings nicht als korrekt. Was dem Herrn Pastor recht ist, scheint dem
Kantor noch lange nicht billig zu sein.

Um aber die Verwirrung bei den Substantiven auf -or vollständig zu
machen, werden bei dem Wort „Autor" (= Verfasser, Urheber) sogar regelwidrige schwache Singularformen gebildet:

○ Die Rechte *des Autoren* müssen gewahrt bleiben. Das Fernsehen brachte ein Gespräch *mit unserem Autoren* Dr. Hans S.

Diese Formen sind nicht korrekt! Es muß heißen: *des Autors, mit
unserem Autor.* – Fassen wir das Gesagte zusammen:

● Endbetonung – starker Plural:
der Major – die Majore; der Motor – die Motore.

● Anfangsbetonung – schwacher Plural:
der Doktor – die Doktoren; der Motor – die Motoren.

● Im Singular immer stark:
des Motors, des Doktors, des Autors, des Majors.

Daß in den wissenschaftlichen Fachsprachen gelegentlich auch
fremdsprachliche Pluralformen erscheinen, ist ein Rest der großen
Rolle, die früher das Latein als Gelehrtensprache gespielt hat.

○ So gibt es bei den Sprachwissenschaftlern *die Substantiva, die Adverbia,
die Pronomina, die Impersonalia* (unpersönlich gebrauchte Verben wie „es
regnet"), *die Maskulina, Feminina* und *Neutra;* der Jurist redet von *den
Corpora delicti* (den Werkzeugen einer Straftat), der Medizinstudent absol-
viert seine *Praktika* usw.

Viele dieser Formen sind heute veraltet, man sagt z. B. lieber *Substantive, Adverbien, Pronomen* oder weicht auf andere Bezeichnungen aus
(*männliche Substantive* statt *Maskulina*). Statt *Praktika* hört man auch
Praktiken, aber das ist zugleich die Mehrzahl von *die Praktik* „Hand-
habung, Verfahrensart" und wird abwertend in der Bedeutung
„Kunstgriffe, unsaubere Methoden" verwendet. Da muß man also
mit Mißverständnissen rechnen.

Zuviel des Guten: die Schematas

Die fremdsprachlichen Plurale sind naturgemäß vielen ungewohnt.
Wer Latein und Griechisch nicht in der Schule gelernt hat, dem kann
man es nicht verdenken, wenn er mit Wörtern wie *die Indizes* (statt:
Indexe), *die Schemata* (statt: *Schemas*), *die Detergentia* (statt: *Deter-
genzien,* hautschonende Reinigungsmittel) nichts anfangen kann. So
kommt es dann, daß jemand die Pluralformen zusätzlich mit einem -s
versieht, um sie nach seiner Meinung erst eindeutig zu machen. Das
sieht dann so aus:

○ das *Schema,* die *Schemas* oder *Schemata,* falsch gebildet: *die Schematas;* das *Thema,* die *Themen* oder *Themata,* falsch gebildet: *die Thematas; das Komma,* die *Kommas* oder *Kommata,* falsch gebildet: *die Kommatas; das Lexikon,* die *Lexiken* oder *Lexika,* falsch gebildet: *die Lexikas.*

Bei Wörtern aus dem Italienischen, wie sie im Wirtschaftsleben und in der Musik gebräuchlich sind, wird aus dem gleichen Grunde der italienische Plural auf *-i* mit einem regelwidrigen *-s* verstärkt:

○ das *Porto,* die *Portos* oder *Porti,* falsch gebildet: *die Portis; das Divertimento,* die *Divertimenti,* falsch gebildet: *die Divertimentis; das Solo,* die *Solos* oder *Soli,* falsch gebildet: *die Solis.*

Wer solche Formen gebraucht, fällt nicht nur unter den Fachleuten unliebsam auf. Es gibt viele Leute, die die richtigen Formen kennen und verwenden, ohne die betreffenden Sprachen gelernt zu haben. Aufs „Lernen" kommt es nämlich gar nicht so sehr an, sondern darauf, daß man beim Lesen und Schreiben die richtigen Vorbilder aufnimmt und ihnen folgt.

Spargel und Kartoffeln

Diese Überschrift ist richtig. Manchem mag sie ungewohnt klingen. Liest man nicht oft: „frische Spargeln" oder gar „Rindfleisch mit Kartoffel"? Nun, das erste Beispiel ist falsch und das zweite sogar doppelt falsch.

Spargel ist ein männliches Wort. Viele wissen das nicht, weil man Spargel aus gutem Grund in der Mehrzahl verspeist. Es heißt also *der Spargel.* Die männlichen und sächlichen Wörter auf *-el* bleiben in der Hochsprache im Plural unverändert, denn sie gehen nach der starken Deklination. Es heißt *zwei Paar Stiefel, sechs Löffel, eine Ladung Ziegel, ein Waggon Möbel, eine Tüte Semmelbrösel.* Und so kann es auch nur *frische Spargel* heißen.

Die weiblichen Wörter auf *-el* gehen nach der schwachen Deklination. Sie haben im Plural ein *-n*: *die Zwiebeln, die Brezeln, die Amseln, die Semmeln, die Staffeln.* Demnach heißt es auch *die Kartoffeln.*

Wir können also eine Faustregel für die Substantive auf *-el* aufstellen:

● Was männlich oder sächlich ist, bleibt im Plural unverändert: *der Stiefel, die Stiefel.*

● Was weiblich ist, erhält ein *-n*: *die Nadel, die Nadeln.*

Allerdings gibt es einige Ausnahmen: die Wörter *Pantoffel, Stachel* und *Muskel* haben trotz männlichen Geschlechts in der Mehrzahl ein *-n*: *Pantoffeln, Stacheln, Muskeln.*

Wer unsere Regel anwenden will, muß natürlich wissen, welches Geschlecht ein Wort in der Hochsprache hat. Wenn man in Bayern manchmal *der Kartoffel* sagt, so ist das eben keine Hochsprache, sondern landschaftliche Umgangssprache. Und wenn man in der Schweiz *Spargel* auch als Femininum behandelt, so mag dafür dort der Plural *Spargeln* gelten. Aber die Unsicherheit im Gebrauch der hochsprachlichen Formen kommt gerade aus dem landschaftlichen Sprachgebrauch. Dabei braucht nicht einmal das Geschlecht abzuweichen. So hört man vielerorts *die Stiefeln, die Ziegeln, die Bröseln* und anderseits *die Semmel, die Kartoffel, die Pantoffel.* Aber Hochdeutsch ist das nicht.

Und nun: Warum ist „Rindfleisch mit Kartoffel" doppelt falsch? Weil nach „mit" der Dativ steht, und der hat im Plural bei jeder Deklinationsart ein *-n.* Wir essen *mit Löffeln,* wir bauen *mit Ziegeln,* und wir finanzieren unseren Bau *mit Landesmitteln.* – Selbst wenn die Kartoffel männlich wäre, müßte es heißen: „Rindfleisch mit Kartoffeln".

Männer und Leute

Es ist eine Besonderheit des Substantivs „Mann", daß es in bestimmten Zusammensetzungen nicht den Plural *-männer* hat, sondern den Plural *-leute.* Die Frauen haben zwar den Männern manches voraus – aber einen Plural, der gar nicht zum Singular stimmt, damit können sie nicht aufwarten. Und dabei stimmt er sogar. Es handelt sich um gute, alte Berufs- und Standesbezeichnungen wie diese:

○ *der Bergmann – die Bergleute; der Seemann – die Seeleute; der Kaufmann – die Kaufleute; der Edelmann – die Edelleute; der Landmann – die Landleute.*

Diese Bezeichnungen meinen nicht die einzelnen Personen, sondern die Gruppe als Ganzes. Das Wort *Leute* ist ein Kollektivum mit der Bedeutung „Menschen, Volk". Daß es hier auf Männer angewandt wird, hat sachliche, nicht sprachliche Gründe. Denn die Berufe der *Bergleute, Seeleute,* auch der *Kaufleute* sind seit alters ausgesprochene Männerberufe. (Daß es auch *Kauffrauen* gibt, hat schon manchen verwundert, der einmal im Handelsregister etwas nachzuschlagen hatte; vgl. S. 90.) Auch bei den *Edelleuten* – diese Bezeichnung ist schon fast historisches Wortgut – denken wir in erster Linie an Männer: Ritter, Offiziere und Beamte der alten Zeit. *Landleute* dagegen – heute auch ein veraltendes Wort – meint die ganze Landbevölkerung, *Bauersleute* den Bauern und seine Familie, und bei den *Eheleuten* denken wir an Mann und Frau in ihrer Gemeinschaft.

Es gibt andere Zusammensetzungen mit -*mann*, die nur den Plural -*männer* zulassen:

○ *die Ehemänner, die Lebemänner, die Ehrenmänner, Biedermänner, Dunkelmänner, die Strohmänner* und *die Hampelmänner.*

Hier wäre -*leute* widersinnig, denn mit diesen Wörtern sollen männliche Einzelwesen bezeichnet werden, keine sozialen Gemeinschaften.

Anders ist es bei einer dritten Gruppe. Es heißt:

○ *Fachmänner* oder *Fachleute, Feuerwehrmänner* oder *Feuerwehrleute, Gewährsmänner* oder *Gewährsleute, Geschäftsmänner* oder *Geschäftsleute, Schutzmänner* oder *Schutzleute,*

je nachdem, ob man einzelne Männer meint oder nur ganz allgemein eine Gruppe bezeichnen will. Doch gehören die Wörter *Fachleute* und *Geschäftsleute* eigentlich zu den oben genannten Berufsbezeichnungen.

Einen besonderen Blick wollen wir noch auf das Wort *Dienstmann* werfen. Es hat verschiedene Bedeutungen und danach auch verschiedene Pluralformen:

○ Im ältesten Sinne ist der *Dienstmann* der unfreie Lehnsmann (Ministeriale) der Fürsten und Barone im Mittelalter. Der Plural zu diesem Wort lautet *Dienstmannen* oder *Dienstleute.* Später konnte auch der männliche Dienstbote eines Haushaltes als *Dienstmann* bezeichnet werden; der Plural *Dienstleute* galt dann, wie noch in Österreich, als Bezeichnung des ganzen Gesindes. Schließlich kennen wir den *Dienstmann* auf dem Bahnhof als Gepäckträger, und zu diesem Wort lautet der Plural meist *Dienstmänner,* seltener *Dienstleute.* (Diese Männer mit der roten Mütze wurden später durch die bahnamtlichen *Gepäckträger* abgelöst, die die alte Bezeichnung nicht mehr führten. Heute gibt es nur noch leblose Kofferkulis.)

Zum Schluß noch ein Wort zum *Mann* selbst. Der Plural *Männer* ist jedem geläufig. Daneben gibt es aus alter Zeit noch die Form *Mannen,* einst für die wehrhaften Gefolgsleute eines Fürsten gebraucht, heute mehr scherzhaft für die Mitglieder einer Sportmannschaft oder eines Vereins *(der Vorstand mit seinen Mannen).* Wo aber Männer (oder auch Frauen oder beides!) nur gezählt werden, da wird die unflektierte Form *Mann* verwendet:

○ Unsere Gruppe war *zehn Mann* stark. Wir gingen *acht Mann hoch* in die Kneipe. Ich brauche *zwei Mann* zum Büchertragen. Ein Heer von *10 000 Mann.*

Es ist vielleicht ganz interessant zu wissen, daß dieses *Mann* der alte, noch im Mittelhochdeutschen allein gebräuchliche Plural unseres Wortes ist. Die Form *Männer* ist erst im 15. Jahrhundert aufgekommen. Darin stimmt *Mann* mit den sächlichen Substantiven *Faß* und *Glas* überein, bei denen ebenfalls die alte endungslose Form als Zählplural erhalten blieb: *zwei Faß Bier, drei Glas Wein.* – Aber das ist reiner Zufall und kein Anlaß zum Philosophieren.

Der Geschäftsbericht der Vorderhessische Sandblatt-Raffinerie Aktiengesellschaft

Selbst Kenner kennen dieses wichtige Unternehmen der Tabakbranche nicht, denn es gibt es nicht. Wohl aber gibt es – recht häufig sogar – die falsche Form des Adjektivs im Firmennamen. Sie ist kein Druckfehler. Da wir in den folgenden Zeilen einige echte Firmennamen zitieren müssen, wollten wir diese Art „Schleichwerbung" nicht auch noch auf die Überschrift ausdehnen. (Ein raffiniert veredeltes hessisches Sandblatt wird der Zigarrenraucher trotzdem zu schätzen wissen.)

Zugegeben, es ist schwierig, einen Firmennamen so zu gestalten, daß er den Anforderungen des Gesetzes, der Werbung und der deutschen Grammatik gleichermaßen entspricht. Dabei ist grammatische Richtigkeit schon deshalb erwünscht, weil man mit diesen Firmennamen Sätze bilden muß, und zwar solche, über die der Leser nicht schon beim ersten Lesen stolpert.

In einem Zeitungsbericht könnte man zwar von der „Vorderhessischen Sandblatt" reden. Aber diese Kurzform ist ein etwas fragwürdiges Gebilde. Seit wann ist *Sandblatt* ein Femininum? Trotzdem sind solche Benennungen tatsächlich üblich:

○ die Rhenus, die Südzucker, die Deutsche Steinzeug, die Stahlimport, die Volkswohl.

Das sind lauter Kurzformen, bei denen das weibliche Geschlecht durch weggelassene Grundwörter wie *Gesellschaft, Fabrik, Versicherung* bestimmt wird.

Solche Kurzbezeichnungen mögen noch hingehen. Was aber den Leser von Wirtschaftsberichten und Kommentaren immer wieder stört, ist die Unterlassung der Beugung in den Firmennamen. Sie fällt besonders auf, wenn Adjektive ungebeugt bleiben, aber auch, wenn ein Plural wie *Werke* mit einem Artikel im Singular verbunden erscheint:

○ der Überschuß *bei der Süddeutsche Zucker-AG*; die Geschäftsführung *der Schwäbische Hüttenwerke GmbH*; die Beteiligung *an der Chemische Werke Hüls AG*; Versicherer ist *die Deutscher Lloyd Versicherungs-AG.*

Dabei ist eins merkwürdig. Jede Firma legt Wert auf die Heraushebung ihres kennzeichnenden Namens. In Briefköpfen, auf Firmenschildern, in Unterschriftsformeln usw. erscheint daher die vorgeschriebene Bezeichnung der Gesellschaftsform (*Aktiengesellschaft, Kommanditgesellschaft, Gesellschaft mit beschränkter Haftung* u. ä.) meist als das, was sie ist, nämlich als ein Zusatz, eine nachgetragene Apposition zum eigentlichen Namen. Oft wird sie auch durch kleineren Druck in besonderer Zeile abgehoben.

Sobald die Firma aber ihren vollen Namen in einem Text verwendet, macht sie den Zusatz, d. h. das Wort *Gesellschaft,* zum eigentlichen Grundwort und richtet den Artikel danach aus. Aber nur den Artikel, nicht das Adjektiv! Dagegen wäre nichts zu sagen, wenn nun die ganze Aneinanderreihung durch Bindestriche gekoppelt würde, wenn man also schriebe:

○ die Geschäftsführung der *Chemische-Werke-Hüls-Aktiengesellschaft.*

Aber der Bindestrich ist hier wie auch sonst recht unbeliebt, und so kommt es zu den oben angeführten ungewöhnlichen Schreibungen. Sie sind wohl auch durch ausländische Vorbilder beeinflußt. Weder das Englische noch das Französische kennen ja Deklinationsendungen.

Es gibt Firmen, bei denen das Wort *-gesellschaft* von vornherein in den Namen einbezogen worden ist, z. B.

○ Essen-Bottroper *Handelsgesellschaft mbH*; Hessische *Elektrizitäts-Aktiengesellschaft*; Preußische *Bergwerks- und Hütten-Aktiengesellschaft*; Süddeutsche *Zucker-Aktiengesellschaft.*

Hier bestünde also gar kein Bedenken, das Adjektiv im Genitiv zu beugen. Warum schreibt man nicht einfach:

○ der Aufsichtsrat der *Preußischen* Bergwerks- und Hüttengesellschaft; die Bilanz der *Süddeutschen* Zucker-AG?

Es besteht anscheinend eine übertriebene Ehrfurcht vor der einmal geprägten Namensform. Man glaubt einen juristischen Formfehler zu begehen, wenn man auch nur e i n e n Buchstaben an dem Namen ändert. Wollten wir dieses Prinzip für die Eigennamen im Deutschen allgemein einführen, dann müßten wir unter anderm auch sagen:

○ Die Hauptverwaltung *der Deutsche Bundesbahn*; der Katalog *der Deutsche Bibliothek* in Frankfurt; das Präsidium *des Allgemeiner Deutscher Automobil-Club*; das Programm *des Süddeutscher Rundfunk.*

Auch dies sind nämlich amtlich oder vereinsrechtlich festgelegte Namen, die Adjektive enthalten.

Es mag sein, daß jene ungrammatischen Formen im Geschäftsleben schon so eingewurzelt sind, daß die Firmen nicht mehr davon loskommen. Man sollte sie aber den offiziellen Schriftstücken überlassen und sie nicht gedankenlos nachschreiben. Drei Möglichkeiten bieten sich für die korrekte Beugung, soweit man nicht zu Kurzformen greifen will:

● 1. Man behandelt die Bezeichnung der Gesellschaftsform als nachgestellte Apposition: *Der Vorstand des Bibliographischen Instituts AG. Die Bilanz der Rheinischen Stahlwerke Aktiengesellschaft wurde gestern veröffentlicht. Er ist beim Deutschen Lloyd Lebensversicherungs-AG versichert.* (Auf die Kommas, in die der nachgestellte Beisatz eingeschlossen werden müßte, kann man eher verzichten als auf die korrekte Deklination!)

● 2. Gehört *AG* oder *GmbH* zum eigentlichen Firmennamen, dann bezieht man nicht nur den Artikel, sondern auch das Adjektiv auf dieses Grundwort: *Die Bilanz der Süddeutschen Zucker-Aktiengesellschaft.*

● 3. Will man unbedingt den genauen Wortlaut des Firmennamens beibehalten, dann stellt man ein entsprechendes Substantiv voran: *Die Firma „Rheinische Stahlwerke AG"; die Maschinen der Luftverkehrsgesellschaften „Deutsche Lufthansa AG" und „Swissair".*

Was hier von den Firmennamen gesagt wurde, gilt auch für manche anderen Arten von Namen, bei denen die Beugung gern unterlassen wird. Kein Buch- oder Zeitungstitel, kein Straßen- oder Gebäudename ist so erstarrt, daß man ihn nicht durch die Deklination in den Satz einfügen könnte. Darum schreiben wir ohne Scheu:

○ Er fand das Zitat *in Büchmanns „Geflügelten Worten".* Die Redaktion *der „Zeit"* (nicht: *der „Die Zeit"*!), *des „Hamburger Abendblatts", der „Frankfurter Allgemeinen Zeitung".* Die Leser *des „Spiegels", des „Sterns"* (nicht: *des „Spiegel", des „Stern"*!). Aber (wenn ein Genitiv nicht möglich ist): Die Redaktion *von „Christ und Welt", von „Auto, Motor und Sport".*

Bei Straßen- und Gebäudenamen:

○ Er wohnt *in der Breiten Straße* (nicht: *in der Breite Straße* oder gar *Breitestraße*!), *an der Großen Bleiche.* Wir essen heute *im Roten Ochsen, im Europäischen Hof* (aber: *im Hotel „Europäischer Hof").*

Herrn Architekt Müllers Verlobung

Der Deutsche macht es genau. Und wenn jemand einen Titel hat – oder was man dafür hält –, dann soll er auch damit genannt werden, meint man.

Damit fängt aber auch die Schwierigkeit an. Daß nicht alles „Titel"
ist, was üblicherweise vor einem Namen steht, kann uns hier kaltlas-
sen. „Architekt" z. B. ist kein Titel, ebensowenig wie „Ingenieur",
„Rechtsanwalt" oder „Apotheker"; das sind alles nur geschützte Berufsbezeichnungen, im Gegensatz zu den eigentlichen Titeln der
Beamtenwelt wie „Regierungsrat", „Professor", „Inspektor" oder
den Dienststellenbezeichnungen wie „Direktor" und „Präsident",
die gleichfalls als Titel gelten.

Nein, die Schwierigkeiten liegen in der Grammatik. Wie baut man
Titel in Sätze ein? Wann wird der Titel dekliniert, wann der Name?
Wie gestaltet man Adressen mit Titeln?

An ein paar Beispielen soll das einmal durchexerziert werden. Wir
fangen mit dem Genitiv an:

○ *Architekt Müllers Verlobung.* Das ist dasselbe wie *Hans Müllers Verlobung, Müllers Verlobung, Lieschen Müllers Verlobung* und – grammatisch
gesehen – auch nichts anderes als *Oberregierungsrat Professor Dr. Hans
Joachim Müllers feierliche Einführung als Präsident des Verwaltungsgerichts-
hofes.*

Gebeugt (dekliniert) wird hier immer nur der Familienname *(Müller
– Müllers),* ganz gleich, ob ein oder mehrere Titel, eine Berufsbezeichnung, ein Vorname oder gar nichts vor dem Familiennamen
steht. Ebenso ist es, wenn der Genitiv nachgestellt wird:

○ *Die Verlobung Architekt Müllers, Hans Müllers, die Einführung Oberregierungsrat Müllers* usw.

Fügt man aber, wie es üblich ist, die Bezeichnung „Herr" hinzu, dann
muß diese ebenfalls gebeugt werden:

○ *Herrn* Hans Müllers, *Herrn* Dr. Müllers, *Herrn* Architekt Müllers Verlobung; die Amtseinführung *Herrn* Oberregierungsrat Professor Dr. Hans
Joachim Müllers usw.

Das alles ändert sich sofort, wenn man den A r t i k e l verwendet. Der
Artikel gehört nicht zum Namen. Er kann also nur auf den Titel oder
die Berufsbezeichnung einwirken; der Name bleibt dann ungebeugt:

○ *des Architekten* Müller aufsehenerregende Verlobung; die Amtseinführung *des Präsidenten* Müller; das Plädoyer *des Rechtsanwalts* Hansen; (mit
einem Pronomen statt des Artikels:) die Rede *unseres Bürgermeisters*
Schultze; das Vermächtnis *jenes Stadtrats* Neumann.

Werden mehrere Titel genannt, dann wird gewöhnlich nur der erste
gebeugt:

○ die Amtseinführung *des Regierungsrats* Professor Dr. Hans Müller.

Geht „Herrn" voraus, dann wird der erste folgende Titel ebenfalls meist gebeugt:

○ das Plädoyer *des Herrn Rechtsanwalts* Dr. Hans Müller; die Ansprache *des Herrn Abgeordneten* Diplomkaufmann Groß.

Die gleiche Wirkung wie der Artikel hat auch ein Pronomen. Nur „Herr" wird gebeugt, nicht der Name:

○ die Behauptung dieses *Herrn Meyer* (nicht: dieses *Herrn Meyers*); das Angebot Ihres *Herrn Schmidt.*

Aber Verwandtschaftsbezeichnungen wie „Vater" und „Bruder" sind keine Namen; sie müssen gebeugt werden:

○ die Verlobung deines *Herrn Bruders*; der Brief Ihres *Herrn Vaters* (nicht: Ihres *Herrn Vater*).

Der Titel „Doktor" (Dr.), der allgemein als Bestandteil des Familiennamens behandelt wird, bleibt immer ungebeugt:

○ der Einspruch *des Herrn Dr.* (= Doktor) Hans Meyer. (Ebenso, wenn man sehr höflich sein will: Ich muß den Vorwurf *des Herrn Doktor* zurückweisen.)

Übrigens: Im Amstsstil, der die Wörter „Herr", „Frau", „Fräulein" gerne meidet, wird der Artikel oft auch vor den Namen gesetzt. Der Name bleibt dann aber stets ungebeugt:

○ das Gesuch *des Hans Müller*; die Vernehmung *der Elisabeth Schmidt*; in der Angelegenheit *des Karl Schreiber,* Bäckermeisters zu H., ...

Ebensowenig dekliniert man den Namen, wenn er – in etwas gehobenem Stil – mit Pronomen wie „mein", „unser", „euer" verbunden wird:

○ die Erkrankung *meines Eberhard*; der 500. Geburtstag *unseres [Albrecht] Dürer.*

Ein Sonderfall, der manchmal Schwierigkeiten macht, ist es, wenn der Name als nachgetragene Apposition (nachgetragener Beisatz) auf eine Berufsbezeichnung o. dgl. folgt:

○ der Unfall *unseres Buchhalters, Herrn Müllers*; die Rede *des Rektors,* Magnifizenz Professor Dr. *Lehmanns*; nach der Versetzung *unseres Kollegen, Herrn* Studienassessor *Keils,* wurde ...

Hier muß also der Name – entgegen landläufiger Meinung – immer im Genitiv stehen. Denn der Beisatz steht grundsätzlich im gleichen Fall wie sein Bezugswort.

Schließlich sei noch, weil dies in historischen Darstellungen immer wieder vorkommt und auch bei Fachleuten Unsicherheit hervorruft, die Behandlung von Fürstennamen, besonders solchen mit Beinamen, gezeigt:

Zuerst ohne Artikel vor dem Titel:

○ *Kaiser Karls* Siege (wie: *Architekt Müllers* Verlobung); die Krönung
Kaiser Friedrich Barbarossas, der Tod *König Gustav Adolfs* von Schweden
(wie: die Amtseinführung *Professor Hans Müllers*; zweite Vornamen und
Beinamen ohne Artikel werden wie Familiennamen behandelt). A b e r :
die Krönung *Kaiser Friedrichs I. (des Ersten), König Augusts des Starken,*
der Tod *Herzog Heinrichs des Löwen,* die Enzyklika *Papst Pauls VI. (des
Sechsten).* (Wenn der Beiname einen Artikel hat, muß der eigentliche
Name ebenfalls gebeugt werden.)

Dann, wenn der Artikel vorangeht:

○ die Siege *des Kaisers Karl,* die Erinnerungen *des Prinzen Max* von Ba-
den (wie: die Verlobung *des Architekten Müller*); der Tod *des Kaisers Fried-*
rich Barbarossa (wie: die Einführung *des Regierungsrats Hans Meyer*).
Aber mit einem Beinamen, der selbst den Artikel hat: die Regierung *des*
Königs Philipp II. (des Zweiten); die Taten *des Markgrafen Albrecht des Bä-*
ren.

Wir sehen bei alledem eine Grundregel:

● Es kommt immer darauf an, daß der Genitiv als solcher deutlich
wird. Mindestens e i n Wort, entweder der Titel oder der Name,
muß deshalb die Genitivendung erhalten. Und wo der Artikel erscheint, zieht er natürlich ebenfalls den Genitiv nach sich:

○ *Architekt Müllers, Kaiser Karls / des Architekten Müller, des Kaisers Karl /*
des Herzogs Heinrich des Löwen.

● Mehr zu beugen ist überflüssig und in den meisten Fällen sogar
falsch. Allenfalls kann man noch sagen: der Brief *des Herrn Ge-*
heimrats, Professor Dr. Lehmanns. („Professor Dr. Lehmanns" ist
hier nachgetragene Apposition, wie das Komma zeigt!). Aber n i e :
die Kriege *des Kaisers Napoleons* oder: die Regierung *des Königs*
Philipps des Zweiten.

Was bisher für den Genitiv gesagt wurde, gilt sinngemäß auch für
den Dativ und den Akkusativ. Steht der Titel allein, dann wird er immer gebeugt. Sichtbar wird das allerdings nur bei der schwachen Deklination durch die Endung -*en*:

○ Er berichtete *dem Präsidenten* von seiner Reise. Wir schrieben *an den*
Intendanten. Wir müssen *den Herrn Ministerialdirigenten* einladen.

Folgt der Name dem Titel, so wird heute zwar oft nicht gebeugt (z. B.
in Briefanschriften: *Herrn Präsident Max Müller; Herrn Superinten-*
dent H. Grimm). Doch ist, wenigstens im fortlaufenden Text, die Beugung besseres Deutsch:

○ Wir haben *Herrn Intendanten Müller* um eine Stellungnahme gebeten.

Nur im Stil des sachlichen Berichts, wenn das „Herrn" wegfällt und der Titel lediglich zur Kennzeichnung der betreffenden Person genannt wird, ist es angebracht und zulässig, die Beugung zu unterlassen:

○ Die Stadt hat *von Intendant Müller* eine bindende Zusage erhalten. Das Schreiben *an Sozialreferent Schmitz* ist gestern abgegangen.

Seid guten Mutes!

Die Deklination des Adjektivs dürfte eigentlich keine Schwierigkeiten machen. Sie ist auf Deutlichkeit abgestellt, aber zugleich auf Sparsamkeit der Mittel. Jedoch enthält sie eine Reihe von Ausnahmen und Schwankungen. Davon soll in diesem und den folgenden Kapiteln die Rede sein. Wir behandeln darin die Adjektive und Partizipien, die als Beifügung (Attribut) vor einem Substantiv stehen, aber auch die substantivisch gebrauchten Adjektive und Partizipien (*das Gute, der Angestellte* u. a.).

Auch hier finden wir die starke und die schwache Beugung. Aber sie teilt die Adjektive nicht in Klassen, sondern jedes von ihnen kann stark oder schwach dekliniert werden, so wie es der jeweilige Zusammenhang des Satzes verlangt.

Sobald durch den vorangehenden Artikel, ein dekliniertes Pronomen oder ähnliches der Beugungsfall deutlich wird – darauf kommt es an! – wird das Adjektiv schwach gebeugt. Das heißt, es bildet alle Formen außer dem männlichen Nominativ Singular *(der dicke Mann)* und dem weiblichen und sächlichen Nominativ und Akkusativ Singular *(die junge Frau, das kleine Kind)* mit der Endung *-en*:

○ des *schwarzen* Wagens; mit Ihrer *neuen* Sekretärin; jeden *größeren* Fehler; diese *klugen* Mädchen; im (= in dem) *alten* Rathaus. Substantiviert: der *Kranken*, jedes *Angestellten*.

Steht aber das Adjektiv allein oder hat das vorangehende Pronomen keine starke Endung, dann muß das Adjektiv selbst den Fall deutlich machen. Das gilt auch für den unbestimmten Artikel in der Form *ein* (männl. und sächlicher Nominativ Singular, sächlicher Akkusativ Singular) und für die Pronomen *mein, dein, sein, unser, euer*:

○ *lieber* Freund!; *gutes* Wetter, ein *warmer* Abend; unser *kleines* Kätzchen; bei *heiterer* Musik; ein Kreis *schöner* Frauen. Substantiviert: mein *Bekannter*; die Bergung *Verunglückter*.

Sehen wir genau zu, dann erkennen wir, daß diese starken Endungen die gleichen sind wie bei dem hinweisenden Fürwort (Demonstrativpronomen) *dieser, diese, dieses*. Man nennt die starke Beugung des Adjektivs deshalb auch pronominale Deklination. Aber dieser Fachausdruck soll uns nicht weiter stören. Wichtig ist dies:

● Der Fall muß deutlich werden, und zwar beim e r s t e n Wort der attributiven Fügung, das gebeugt wird: *der* liebe Freund – *lieber* Freund, mein *lieber* Freund; mit *diesem* starken Wein – mit *starkem* Wein; *der* kranke Vater, *der* Kranke – ein *kranker* Mann, ein *Kranker.*

Natürlich gibt es Grenzen der Deutlichkeit, weil sich auch in der starken Deklination und beim Artikel oder Pronomen nicht alle Fälle voneinander unterscheiden (*ein altes Haus:* Nominativ oder Akkusativ?; *der jungen Frau:* Genitiv oder Dativ?). Hier läßt meist der Satzzusammenhang den Fall erkennen.

Nach diesem kurzen Einblick in den Mechanismus der Sprache wollen wir nun auf einige Ausnahmen schauen. Eine davon zeigt die Überschrift dieses Kapitels:

Seid guten Mutes!

Im Genitiv Singular ist altes *-es* zu *-en* geworden, weil sich das Sprachgefühl an dem doppelten S-Laut *(gutes Mutes)* gestört hat. Man sagt heute:

○ *frohen* Sinnes genießen; *traurigen* Herzens verzichten; *guten* Mutes zur Arbeit gehen; *lebendigen* Leibes (meist: bei lebendigem Leibe) verbrennen. Aber auch: Das kann ich *reines* Herzens / *reinen* Herzens sagen (nach der biblischen Tradition, Matth. 5,8: Selig sind, die *reines* Herzens sind).

Dieser schwache Genitiv ist selbst in feste Fügungen und in Adverbien eingedrungen:

○ *letzten* Endes; *heutigentags; gerade[n]wegs* (seltener: *geradeswegs*).

Er hat sich aber auch bei den Pronomen *jeder, solcher, welcher* festgesetzt und gilt hier vor stark gebeugten Substantiven als korrekt:

○ am Anfang *jeden* oder *jedes* Jahres; die Folgen *solchen* (seltener: *solches*) Leichtsinns; Kinder *welchen* (kaum noch: *welches*) Alters?

Anders vor schwach gebeugten Substantiven, um keine Verwechslung mit dem Akkusativ hervorzurufen:

○ die Aussage *jedes* Zeugen, *solches* Verrückten; *welches* Jungen Mutter ist das?

Und n i e bei den Pronomen *dieser* und *jener:*

○ Anfang *dieses* (n i c h t: *diesen*) Jahres; ich erinnere mich *jenes* (n i c h t: *jenen*) Unfalls.

Mir jungem / jungen Menschen; mir armen Frau

Eine zweite Ausnahme gibt es, wenn das Adjektiv einem persönlichen Fürwort (Personalpronomen) folgt, das eigentlich starke Beugung verlangt (ich *armer* Mann; du *altes* Kamel; dir *treuem* Freund). Hier kommt im Dativ Singular gelegentlich eine schwache Form auf -*en* vor:

○ mir`jungen (neben: mir *jungem*) Menschen; mir *armen* (neben: mir *armem*) Kerl; mir *armen* (selten: mir *armer*) Frau.

Möglicherweise hat hier die Häufung gleicher Laute (*m* bzw. *r*) dazu geführt, daß der Auslaut des Adjektivs verändert wurde (vgl. auch S. 32).

Im Nominativ Plural allerdings hat sich auch ohne solche Lautschwierigkeiten die schwache Form des Adjektivs durchgesetzt:

○ wir *jungen* Leute; ihr *lieben* Freunde; auch: wir *Alten*, wir *Deutschen*.

Aber der Akkusativ ist stark, damit er sich vom Dativ unterscheidet:

○ für euch *junge* Leute (gegenüber: mit euch *jungen* Leuten).

Unser ins Wasser gefallener Betriebsausflug

K e i n e Ausnahme gibt es aber nach dem besitzanzeigenden Fürwort (Possessivpronomen). Hier muß immer stark gebeugt werden, wenn das Pronomen keine Endung hat:

○ mein *alter* Wagen; ihr *grünes* Kleid; unser *kleines* Kätzchen; euer *lieber* Brief.

Das -*er* in *unser* und *euer* ist keine Deklinationsendung, wie viele meinen, sondern es gehört zum Stamm dieser Wörter. Man darf sie also nicht nach dem Muster von *dieser* oder *jeder* behandeln, wie das besonders dann gern gemacht wird, wenn die Beifügung mehrere Wörter enthält.

○ Es heißt zwar richtig: *dieser* von mir selbst *abgeschickte* Bericht. Aber es darf nur heißen: *unser* von mir selbst *abgeschickter* (n i c h t : *abgeschickte*) Bericht, *euer* von allen *unterschriebener* (n i c h t : *unterschriebene*) Brief, und so auch (s. o.): *unser* leider ins Wasser *gefallener* Betriebsausflug.

Nach langem, schwerem Leiden

Sind diese Worte, die wir so oft in Todesanzeigen lesen müssen, grammatisch richtig? Heißt es „nach langem, schwerem" oder „nach langem, schweren Leiden"?

Zwei Adjektive, die als Beifügungen (Attribute) vor einem Substantiv stehen, werden beide in gleicher Weise gebeugt, also entweder beide schwach *(der fleißige, geschickte Mann)* oder beide stark *(ein großer, alter Schrank)*. Man nennt das die parallele Beugung. Sie ist typisch für das deutsche Adjektiv und gilt natürlich auch, wenn drei oder noch mehr Adjektive vor dem gleichen Substantiv stehen:

○ ein *breiter, tiefer* Graben; ein *breiter,* überaus *tiefer* Graben; das *alte, verfallene Schloß;* in einem *schnittigen, roten, offenen* Sportwagen; mit *heiserer, ungeschulter, eintöniger* Stimme.

Auch im männlichen und sächlichen Dativ Singular wird parallel gebeugt:

○ auf *bestem, blütenweißem, holzfreiem* Papier; er starb nach *langem, schwerem,* mit großer Geduld *ertragenem* Leiden.

Nun gibt es aber den sogenannten G e s a m t b e g r i f f, bei dem das letzte Adjektiv enger mit dem Substantiv zusammengehört und mit ihm zusammen ein oder mehrere weitere Attribute erhält (das *bayerische Bier* ist dunkel – das dunkle *bayerische Bier*). Der Gesamtbegriff wird auch Einschließung genannt, weil die vom letzten Adjektiv ausgedrückte Eigenschaft in den vom Substantiv benannten Begriff gewissermaßen mit „eingeschlossen" ist. Wir erkennen den Gesamtbegriff daran, daß vor dem letzten Adjektiv kein Komma steht.

Früher hat man in diesen Fällen das letzte Adjektiv, vor allem im Dativ Singular des Maskulinums und Neutrums, schwach gebeugt, um es dadurch von den andern Adjektiven abzuheben:

○ mit langem und dickem *braunen* Haar (Gottfr. Keller); mit sicherem *politischen* Instinkt (Th. Mann); auf schwarzem *hölzernen* Sockel (H. Carossa).

Diese Regel gilt heute nicht mehr. Auch beim Gesamtbegriff wird parallel gebeugt:

○ Dativ Singular: mit *gutem bayerischem* Bier; nach *altem französischem* Rezept. Genitiv Plural: die Ergebnisse *aufsehenerregender medizinischer* Versuche.

Nicht umsonst wurde hier auch ein Genitivbeispiel hingesetzt. Es war doch merkwürdig, daß ein inhaltlicher Hinweis, der das mit „eingeschlossene" Adjektiv kenntlich machen soll, nur für e i n e n, allerdings häufig gebrauchten Fall, den Dativ, gelten sollte. Niemand sagt ja „*gutes bayerische Bier*", aber den Genitiv Plural findet man doch hin und wieder gegen die Regel schwach gebeugt. Und wie steht es mit folgendem Beispiel aus einer großen Tageszeitung?

○ Die Illustrierte, in deren *neuester,* am heutigen Mittwoch *erscheinenden* Ausgabe dieselbe Version verbreitet wird, ...

Hier haben wir weder eine Einschließung, noch liegt ein männlicher oder sächlicher Dativ vor. Die Form „erscheinenden" ist einfach falsch! Die alte Regel war also nicht nur unzulänglich, sondern sie hat auch eine allgemeine Unsicherheit in der Beugung von Adjektiven hervorgerufen, die sich bis heute auswirkt.

Der wirkliche Grund für die alte Dativregel ist nämlich etwas ganz anderes: Beim Sprechen wird die zweimalige Endung -*em* als störend, als unbequem empfunden, und darum ist man in das leichtere -*en* ausgewichen. Es sind also mehr lautliche Gründe als Gründe der Logik, die dem Dativ Singular eine „Sonderbehandlung" verschaffen. Grammatisch gesehen ist die schwache Beugung des letzten Adjektivs nicht korrekt.

Anders ist es, wenn das erste Adjektiv oder Partizip nicht in seiner vollen Bedeutung, sondern nur wie ein Pronomen gebraucht wird:

○ mit *folgendem schönen*/(seltener:) *schönem* Satz; von *weiterem gedrucktem*/(seltener:) *gedruckten* Material.

Hier wirkt sich – trotz der Unterschiede im einzelnen – das Vorbild der echten Pronomen aus (vgl.: mit *jedem neuen* Schritt), und deshalb sind die Abweichungen von der parallelen Beugung bei diesen „Pronominaladjektiven" auch zugelassen. Darüber soll in einem späteren Kapitel (S. 36 ff.) noch besonders gesprochen werden.

Sein einzigster Fehler

Diesmal stimmt die Überschrift nicht. Man muß es deutlich sagen, denn so einzig ist der Fehler gar nicht. Man hört ihn sogar recht häufig, nur geschrieben kommt er seltener vor.

Natürlich kann *einzig* nicht gesteigert werden; „einziger" als *einzig,* das geht nun einmal nicht. Die erste Vergleichsform, den Komparativ, gebraucht denn auch niemand. Aber die zweite, den Superlativ? Hier will man möglichst deutlich sein, lieber zu viel als zu wenig. Und da *einzig* sowieso oft verstärkend gebraucht wird *(er hat nur einen einzigen Anzug),* bietet sich der Superlativ geradezu an:

○ sein *einzigster* Anzug; ihre *einzigste* Freude; nur ein *einzigstes* Mal möchte ich das sehen!

Das ist nicht ein Fehler unserer Zeit. Schon der alte Adelung bemerkt in seinem Hochdeutschen Wörterbuch (1. Auflage Leipzig 1774, Bd. I, Spalte 1626):

○ Das oberdeutsche *einziglich* ist im Hochdeutschen ebenso fremd als der Superlativ *einzigste* einiger gemeinen Mundarten.

(Wir würden heute sagen: einiger gewöhnlicher, verbreiteter Mundarten.) Adelung sieht also richtig, daß dieser Superlativ aus der volkstümlichen Sprache kommt. *Der einzige* erscheint eben vielen als zu schwach und nicht deutlich genug. Nur so läßt sich auch eine Stelle aus Goethes Briefen verstehen:

O Gute Nacht, Engel. *Einzigstes, einzigstes* Mädchen, und ich kenne ihrer viele!

Auch wenn hier *einzig* kein Zahladjektiv ist, sondern im übertragenen Sinne von „einmalig, unvergleichlich" gemeint ist: „*Einziges, einziges* Mädchen" würde doch dasselbe sagen. Daß es eine ganze Anzahl von Adjektiven gibt, die keine Vergleichsformen zulassen, haben wir in der Schule gelernt. Wörter wie *tot, stumm, nackt, endgültig, viereckig, schriftlich* gehören dazu, weil ihre Bedeutung einen Gradunterschied ausschließt. Ebenso kann man die Stoffadjektive *hölzern, eisern, golden* u. a. nicht steigern, wenn sie in ihrem eigentlichen Sinn verwendet werden. Man kann aber sagen:

O Er ist noch *hölzerner* (= steifer) als sein Bruder. Er hat es mit *eisernstem* (= beharrlichstem) Fleiß zu einem gewissen Wohlstand gebracht.

Auch bei andern Adjektiven kommt es darauf an, ob sie im eigentlichen Sinn oder in einer abgewandelten Bedeutung gebraucht werden:

O Wenn die Flasche *voll* oder *leer* ist, kann sie nicht *voller* oder *leerer* sein. Aber ein Glas kann ich etwas *voller* gießen, und das Kino kann heute noch *leerer* sein als gestern, als auch nur einige Reihen besetzt waren.

Zuweilen hört man die Meinung, daß die Farbadjektive *schwarz* und *weiß* nicht gesteigert werden könnten. Diese Wörter bezeichnen aber genausowenig absolute Werte wie *grün, blau* oder *rot.*

O Daß *weiße* Wäsche noch *weißer* werden kann, wissen wir nicht erst durch die Waschmittelreklame. Und zwischen *schwarzem* und *schwärzestem* Haar gibt es viele Abstufungen. Nur in bestimmten Zusammenhängen sind Farben festgelegt, so nach altem Herkommen in der Wappenkunde und durch amtliche Bestimmungen im Verkehr. Darum sagt auch der Fahrlehrer scherzhaft vor der Ampel zum Fahrschüler: „*Fahren Sie los, es ist grün, grüner geht's nicht!*"

K e i n e Vergleichsformen gibt es aber für Adjektive wie *rosa, lila, beige, orange, bleu.* Das hat formale Gründe, denn diese Wörter, die zumeist aus fremdsprachigen Substantiven hervorgegangen sind (franz. *lilas* „Flieder", *orange* „Apfelsine", lat. *rosa* „Rose"; anders: franz. *beige* „ungefärbt", *bleu* „blau"), dürfen in der Hochsprache auch nicht gebeugt werden, sie bleiben immer unverändert. Notfalls muß man umschreiben:

O ein *rosa, beige, lila* Stoff; *beigefarbene* oder *beigefarbige* Schuhe; dies Kleid ist *heller, dunkler, schwächer, kräftiger orange* als das andere.

Zu den obengenannten Adjektiven, die einen Gradunterschied ausschließen, gehören auch einige deutsche Wörter und Fremdwörter, die bereits einen höchsten oder geringsten Grad bezeichnen, z. B. *erstklassig, maximal, total, minimal, extrem* und auch *voll* in der Bedeutung „völlig". Sie werden gelegentlich gesteigert, weil dem Sprecher oder Schreiber die Bedeutung des Fremdwortes nicht bewußt ist oder weil er die Gradangabe noch verstärken will:

○ So spricht man von *minimalstem* Verschleiß (*minimal* = „niedrigst, sehr gering"), von der *totalsten* Verwirrung (*total* = „vollständig, restlos"), von *extremsten* Gegensätzen (*extrem* = „äußerst") oder auch von erstklassigster Ware (vgl. das nächste Kapitel!) und *vollster* Zufriedenheit.

Solche Superlative sind stark vom Gefühl bestimmt, man sollte sie in gepflegter Sprache nach Möglichkeit vermeiden. Sie zeigen uns aber zum Schluß noch einmal, wie vielschichtig der Bereich der Vergleichsformen ist. Wer hier nach Regeln verfahren will, der muß auch immer sein Sprachgefühl zu Rate ziehen.

In bestmöglicher Ausführung

Sie haben richtig gelesen: *in bestmöglicher Ausführung,* mit nur e i n e m *-st-*! Aber manchen ist das nicht genug, sie wollen unbedingt *die bestmöglichste Ausführung* mit z w e i *-st-*. Doppelt genäht hält besser? Nun, Absicht liegt meist nicht darin, wenn man ein zusammengesetztes Adjektiv gleich zweifach steigert. Eher ist es wohl das Gefühl, daß das Superlativzeichen *-st-* an den Schluß gehöre: *die beste, gediegenste, gewissenhafteste, sorgfältigste,* also auch die *bestmöglichste Ausführung.* Man empfindet solche Wörter kaum noch als Zusammensetzungen, und so kommt es zu falschen Steigerungsformen wie diesen:

○ das *höchstgelegenste* Dorf der Alpen; die *meistgelesenste* Zeitung des Landes; das *Nächstliegendste* wäre ...; die *bestbewährteste* Methode; unter *größtmöglichster* Schonung des Kranken; der *meistbietendste* Käufer.

Richtig kann es nur heißen:

○ das *höchstgelegene* Dorf; die *meistgelesene* Zeitung; das *Nächstliegende*; die *bestbewährte* Methode; *größtmögliche* Schonung; der *meistbietende* Käufer.

Alle diese Adjektive und Partizipien enthalten ja bereits einen Superlativ. Sie bezeichnen das „am höchsten gelegene" Dorf, die „am meisten gelesene" Zeitung, die „größte mögliche" Schonung usw. Der zweite Superlativ hat also gar keine Wirkung, und überdies kann man die Partizipien *gelegen, liegend, gelesen, bietend* als Verbformen beim besten Willen nicht steigern.

Ähnliches kommt, wenn auch seltener, beim Komparativ vor:

○ Er hat keine *weiterreichenderen* Befugnisse (richtig: keine *weiter reichenden* oder *weitreichenderen* Befugnisse). Es gibt noch *schwererwiegendere* Bedenken (richtig: *schwerer wiegende* oder *schwerwiegendere* Bedenken).

Hier stehen wir noch vor einer anderen Frage, auf die wir im folgenden eingehen wollen. Viele dieser Adjektive sind nur in der Schreibung zusammengerückt worden, aber ihre beiden Bestandteile haben dabei ihren eigenen Sinn bewahrt. Deshalb können sie auch getrennt geschrieben werden; man muß sie sogar getrennt schreiben, sobald sie in der Satzaussage (im Prädikat) stehen:

○ ein *schwerverletzter* oder *schwer verletzter* Fußgänger, a b e r : Der Fußgänger ist *schwer verletzt.*

Es ist klar, daß man bei solchen Wörtern oder Fügungen nur den ersten Teil steigern kann:

○ Alle *schwerer verletzten* Reisenden wurden in die Universitätsklinik gebracht. Ein *schwerverständliches* oder *schwer verständliches* Gedicht – ein noch *schwerer verständliches* Gedicht – das *am schwersten verständliche* Gedicht.

So auch bei Zusammenschreibung:

○ alle *höhergestellten* Persönlichkeiten; eine *näherliegende* Vermutung.

Andere Adjektive dieser Art, z. B. *altmodisch, hochfliegend, vielsagend, zartfühlend,* sind bereits zu einheitlichen Begriffen geworden und werden deshalb nur als Ganzes gesteigert:

○ Seine Kleidung war noch *altmodischer* als die seiner Frau. Er hatte die *hochfliegendsten* Pläne. Niemand ist *zartfühlender* als er.

Um den Unterschied zwischen diesen beiden Gruppen noch einmal zu zeigen, vergleichen wir konkrete und übertragene Bedeutung:

○ *höher fliegende* Flugzeuge, a b e r : *hochfliegendere* Pläne; ein *vielgehaßter,* der *meistgehaßte* Mann, a b e r : mit den *vielsagendsten* Blicken.

Die Adjektive einer dritten Gruppe aber können ebenso als Zusammenrückungen wie als einheitliche Begriffe verstanden werden, je nachdem, ob man die Bestandteile noch in ihrem eigentlichen Sinn auffaßt (die Bedenken *wiegen schwer* – *äußerst schwer wiegende* Bedenken) oder ob man das ganze Wort bildlich versteht (seine Bedenken sind *schwerwiegend* – er hat die *schwerwiegendsten* Bedenken). Zu dieser Gruppe gehören die Komparativformen, von denen wir ausgegangen sind.

Eines müssen wir aber noch beachten: Die verkürzten Formen des Superlativs (best-, meist-, höchst- u. ä.) werden immer mit den Partizipien und Adjektiven zusammengeschrieben:

○ die *am besten bewährte* Konstruktion / die *bestbewährte* Konstruktion; der *am meisten bietende* Käufer / der *meistbietende* Käufer; das *am höchsten gelegene* Dorf / das *höchstgelegene* Dorf.

Alleinstehendes *höchst* und *meist* ist immer Adverb: *Er war höchst* (= sehr) *unzufrieden. Der Kranke hat meist* (= fast immer) *geschlafen.*

Folgende Regeln ergeben sich also aus der vorstehenden Betrachtung:

● 1. Es wird immer nur ein Teil des zusammengesetzten Adjektivs in die Vergleichsform gesetzt (gesteigert):

○ die *meistgelesene* Zeitung; die *weittragendsten* Entscheidungen, die *am schwersten wiegenden / schwerwiegendsten* Bedenken.

● 2.a) Man steigert den ersten Bestandteil, wenn beide Teile ihren eigenen Sinn bewahrt haben:

○ die *schwerer* verletzten, *am schwersten* verletzten Reisenden.

● b) Man steigert den zweiten Bestandteil und damit das ganze Adjektiv, wenn dieses einen einheitlichen Begriff, meist im übertragenen Sinn, bezeichnet:

○ der *wohlgesinnteste* Gönner; die *hochfliegendsten* Pläne.

● c) Man bildet die Vergleichsform nach persönlichem Ermessen bei Adjektiven, die sowohl nach a wie nach b verstanden werden können:

○ *schwerer wiegende* oder *schwerwiegendere* Gründe; weitestgehende oder weitgehendste Einschränkungen.

Um aber auf unseren Ausgangspunkt zurückzukommen: Ein schönes Wort ist das nicht: *bestmöglich.* Auch der alte Leibniz sprach nicht von der „bestmöglichen Welt", sondern von der „besten aller möglichen Welten". Seien wir bescheidener, verlangen wir nur: *eine möglichst gute Ausführung.*

Alle braven Kinder / viele brave Kinder / solche brave[n] Kinder

Es gibt eine Reihe Adjektive, die keine sind. Einige davon drücken keine Eigenschaften aus, sondern nur unbestimmte Mengen:

○ *alle, viele, mehrere, einige, wenige, manche, keine, irgendwelche.*

Andere wiederum werten nicht, sondern schließen nur an bereits Genanntes an:

○ *solche, welche, andere, letztere.*

Genaugenommen haben wir es hier mit Zahlwörtern und Fürwörtern (Pronomen) zu tun. Die meisten von ihnen werden auch als „unbestimmte Für- und Zahlwörter" zusammengefaßt. Das ist aber nur eine ganz allgemeine Kennzeichnung, die zudem für Wörter wie *solche* und *welche* nicht zutrifft. Auch gehören mehrere Adjektive und Partizipien, die wie Pronomen gebraucht werden können, ebenfalls zu dieser Reihe:

    O *folgende* (= diese), *selbige* (= der-, die-, dasselbe), *ähnliche, derartige* (= solche), *obige, besagte* (= jene), *weitere, sonstige* (= noch andere) u. a.

Man nennt die ganze Gruppe daher besser „Pronominaladjektive" und sagt damit, daß sie sowohl als Fürwörter wie als Eigenschaftswörter aufgefaßt werden können. Wir werden gleich sehen, warum.

Das Besondere an diesen Wörtern ist nämlich, daß sie die Beugung eines nachfolgenden Adjektivs beeinflussen, sobald sie mit diesem attributiv (als Beifügung) vor einem Substantiv stehen. Wird nun ein Wort dieser Gruppe als Pronomen angesehen, dann wird das folgende Adjektiv schwach gebeugt:

    O *alle neuen* Bücher, *manches schöne* Bild (genau wie: *diese neuen* Bücher, *jenes schöne* Bild)

Werden sie aber als Adjektive angesehen, dann hat das folgende Adjektiv die gleiche Beugung wie sie:

    O s t a r k : *einige alte* Männer, *anderes wichtiges* Material (genau wie: *kranke alte* Männer, *neues wichtiges* Material); s c h w a c h : *die vielen zerstörten* Häuser, das *wenige gesparte* Geld (genau wie: die *großen zerstörten* Häuser, das *schöne gesparte* Geld).

Diese sogenannte p a r a l l e l e Beugung ist ein charakteristisches Kennzeichen der Adjektive (vgl. S. 30 ff.).

Es ist kaum möglich, die Pronominaladjektive in bestimmte Gruppen einzuteilen; denn bei jedem von ihnen sind die beschriebenen Möglichkeiten in anderer Weise verwirklicht. Manche wirken im Singular anders auf das Adjektiv als im Plural (z. B. *manche, viele*). Bei anderen kommen schwache und starke Formen des Adjektivs nebeneinander vor (z. B. *einige, irgendwelche*). Manche können auch selbst in verschiedener Weise gebeugt werden oder sogar endungslos sein (z. B. *alle, viele, solche*). Die folgenden Tabellen stellen deshalb jedes einzelne hierher gehörende Wort für sich dar. Sie berücksichtigen auch einige Wörter, die ganz als Adjektive mit paralleler Beugung behandelt werden (z. B. *einzeln, verschieden, unzählig*). Denn erfahrungsgemäß herrscht auch bei diesen Wörtern einige Unsicherheit.

Die Tabellen verzeichnen nur den heute üblichen korrekten Gebrauch, also keine falschen oder völlig veralteten Formen. Selten oder weniger gebrauchte Formen sind mit einem Sternchen (*) versehen. Sie treten vor allem im Dativ Singular Maskulinum und Neutrum und im Genitiv Plural auf (z. B. *mit obigem altem /*selten: *alten Spruch; anderer Abgeordneter /*selten: *Abgeordneten*), aber auch beim Nominativ Singular Neutrum (z. B. *unzähliges Gutes /*selten: *Gute*).

Auf der linken Seite der Tabellen stehen alle schwachen Formen des Adjektivs, auf der rechten Seite alle starken Formen. Da der Genitiv Singular Maskulinum und Neutrum beim Adjektiv immer schwach ist (vgl. S. 29), erscheinen diese Formen nur links.

Der Vollständigkeit halber sind auch Beispiele mit dem Artikel oder einem weiteren Pronomen aufgenommen worden *(das andere blaue Kleid, alle etwaigen Kranken, ein solcher Beamter).* In diesen Fällen bestimmt nicht mehr das Pronominaladjektiv die Beugung, sondern der voranstehende Artikel oder das voranstehende Pronomen. Wir führen nun alle wichtigen Pronominaladjektive alphabetisch auf.

ähnlich

Dieses Wort bewirkt parallele Beugung des nachfolgenden Adjektivs, zeigt aber daneben die oben genannten Ausnahmen. Die Tabelle erfaßt nur die Fälle, in denen *ähnlich* etwa den Sinn von „ungefähr solch" hat, also nicht Fügungen wie *ein sehr ähnliches, gutes Porträt,* in denen *ähnlich* ein vollwertiges Adjektiv ist.

	ähnliches grobes Gewebe
und ähnlichen groben Gewebes	und ähnlicher grober Struktur
* aus ähnlichem groben Gewebe	aus ähnlichem grobem Gewebe
* und ähnliches Gescheite	und ähnliches Gescheites
	mit ähnlichem Gescheitem
	ähnlich buntes Zeug
	ähnlich Absurdes
	ein ähnlich scharfes Urteil
	ein ähnliches großes Haus
	ein ähnlicher Verrückter
	ähnliche alte Krüge
	ähnlicher alter Krüge
	ähnliche Bekannte
* ... und ähnlicher Bekannten	... und ähnlicher Bekannter
	ähnlich phantastische Geschichten

all

Dieses Wort wird heute ganz überwiegend als Pronomen behandelt, das folgende Adjektiv wird daher meist schwach gebeugt. Stark beugen nur die Wörter *halb* und *solch,* wenn sie an zweiter Stelle stehen.

Wir wollen hier aber gleich noch auf eine landschaftliche Besonderheit hinweisen, die in Sachsen und Thüringen zu Hause ist, in der Hochsprache aber nicht als korrekt gilt.

○ Um eine regelmäßige Wiederholung auszudrücken, sagt man dort: *aller zehn Minuten, aller halben Stunde[n]*. In der Hochsprache kann es nur heißen: *alle zehn Minuten, alle halbe[n] Stunden*.

---

aller heimliche Groll
allen/alles heimlichen Grolls
aller heimlichen Liebe
mit allem guten Willen   * mit allem gutem Willen
alles Gute
alles Guten
bei allem Schweren
all der gute Wein
all dies Schöne
alle kranken Kinder
alle halben Jahre
                                          alle halbe Jahre
                                          alle solche Gedanken
aller guten Dinge sind drei   * aller interessierter Kreise
alle Angestellten, Reisenden   * alle Reisende
aller Angestellten
all[e] die großen Städte
all[e] jene Kranken

---

andere

Dieses Pronomen wird heute ganz wie ein Adjektiv behandelt, es veranlaßt also parallele Beugung und zeigt Abweichungen fast nur im Dativ Singular und im Genitiv Plural.

---

                                          anderes gedrucktes Material
anderen gedruckten Materials   anderer ausländischer Herkunft
mit anderem alten Gerümpel   * mit anderem altem Gerümpel
* anderes Wichtige   anderes Wichtiges
mit anderem Neuen   mit anderem Neuem
das andere blaue Kleid
dieser andere Beamte   ein anderer Beamter
                                          andere kranke Kinder
                                          anderer großer Sorgen
                                          andere Angestellte
* anderer Abgeordneten   anderer Abgeordneter
die anderen neuen Häuser
jene anderen Reisenden

beide

Dieses Wort tritt praktisch nur im Plural auf und hat die Bedeutung „alle zwei", mit dem Artikel „die zwei". Das folgende Adjektiv wird meist schwach gebeugt, starke Formen sind selten.

*beides Verbotene	
beide großen Maler	*beide große Maler
beider großen Parteien	*beider großer Parteien
beide Abgeordneten	*beide Abgeordnete
beider Kranken	*beider Kranker
die beiden neuen Häuser	
jene beiden Reisenden	

besagt

Dieses Partizip stammt aus der Kanzleisprache und hat den Sinn „oben erwähnt, bereits genannt". Es veranlaßt parallele Beugung.

	besagter großer Wagen
besagten großen Wagens	besagter alter Dame
	mit besagtem großem Wagen
	besagter Abgeordneter
	von besagtem Abgeordnetem
der besagte große Wagen	
der besagte Abgeordnete	
	besagte alte Freunde
	besagter alter Bekannter
	besagte Abgeordnete
*... besagter Abgeordneten	die Stimmen besagter Abgeordneter
die besagten alten Bekannten	
die besagten Abgeordneten	

derartig

Das Wort wird ganz als Adjektiv behandelt, veranlaßt also parallele Beugung. Der Bedeutung nach entspricht es dem Pronomen „solch".

	derartiges schlechtes Benehmen
derartigen schlechten Benehmens	derartiger mangelhafter Arbeit
*mit derartigem schlechten Benehmen	mit derartigem schlechtem Benehmen
	*derartiges Gutes

> * mit derartigem Gutem
> derartig leichtsinniges Gerede
> derartig Ausgeklügeltes
> ein derartiges dummes Geschwätz
> ein derartig dummes Geschwätz
> derartige große Fehler
> derartiger großer Fehler
> derartige Kranke
> die Heilung derartiger Kranker
> derartig schwache Patienten
> derartig Erkrankte

drei

Das Zahlwort *drei* wird genau wie *zwei* behandelt, vgl. dieses.

ebensolch

Anders als bei *solch* (vgl. dieses) wird das Adjektiv nach *ebensolch* überwiegend stark gebeugt. Im Plural steht daneben die schwache Beugung. *Ebensolch* betont noch stärker als *solch* die Gleichartigkeit.

	ebensolcher schöner Stoff
* mit ebensolcher roten Seide	mit ebensolcher roter Seide
* mit ebensolchem blauen Garn	mit ebensolchem blauem Garn
	ebensolch blaues Garn
	ein ebensolcher schöner Tag
	ein ebensolcher Beamter
ebensolche dummen Ausreden	ebensolche dumme Ausreden
ebensolcher dummen Ausreden	ebensolcher dummer Ausreden
	ebensolche Kranke
ebensolcher Kranken	ebensolcher Kranker
	ebensolch schöne Tage

einige

Dieses unbestimmte Zahlwort bewirkt im Plural starke Beugung, während die Formen im Singular nicht einheitlich sind. Bei stärkerer Betonung kann *einige* auch „beträchtlich, ziemlich viel" bedeuten (z. B.: *In dieser Rede liegt einiger politischer Zündstoff*)

	einiger politischer Zündstoff
einiges alte Gerümpel	einiges altes Gerümpel
unter Aufbietung einigen guten Willens	mit Anwendung einiger geballter Energie
mit einigem guten Willen	* mit einigem gutem Willen

einiges Wahre	* einiges Wahres
mit einigem Schönen	* mit einigem Schönem
	einige gute Bücher
* einiger guten Menschen	einiger guter Menschen
	einige Gelehrte
* einiger Gefangenen	einiger Gefangener

einzeln

Hier wird nur das Zahlwort *einzeln* in der Bedeutung „einige[s], manche[s]" berücksichtigt, also nicht sein adjektivischer Gebrauch wie in der Fügung *ein einzelner* (= alleinstehender), *hoher Baum*. Von den üblichen Ausnahmen abgesehen, bewirkt *einzeln* immer parallele Beugung.

	einzelnes verlorenes Gerät
einzelnen verlorenen Geräts	einzelner verlorener Munition
* von einzelnem vergessenen Unkraut	von einzelnem verlorenem Gerät
	einzelnes Gutes
	von einzelnem Gutem
	einzelne große Betriebe
	einzelner großer Betriebe
	einzelne Geistliche
* ... einzelner Geistlichen	die Meinungen einzelner Geistlicher

erstere

Dieses Wort wird wie *letztere* behandelt, vgl. dieses.

etliche

Dieses unbestimmte Zahlwort, das im Sinne von „einige" verwendet wird, ist fast nur noch in der Bedeutung „ziemlich viel" gebräuchlich und wird dann stärker betont. Es bewirkt die gleichen Adjektivformen wie „einige".

	etlicher politischer Zündstoff
etliches neue Geschirr	etliches neues Geschirr
unter Aufbietung etlichen guten Willens	mit Einsatz etlicher geballter Kraft
nach etlichem heftigen Klopfen	*nach etlichem heftigem Klopfen
etliches Nützliche	* etliches Nützliches
mit etlichem Schönen	* mit etlichem Schönem
	etliche goldene Ringe
* etlicher goldenen Ringe	etlicher goldener Ringe
	etliche Anwesende
* etlicher Anwesenden	etlicher Anwesender

etwaig

Dieses zum Adverb *etwa* gebildete Adjektiv bewirkt parallele Beugung.

	etwaiges zerbrochenes Geschirr
etwaigen zerbrochenen Geschirrs	etwaiger verdorbener Ware
*mit etwaigem höheren Einkommen	mit etwaigem höherem Einkommen
*etwaiges Vergessene	etwaiges Vergessenes
	nach etwaigem Vergessenem
das etwaige erneute Versagen	ein etwaiges höheres Einkommen
das etwaige Vergessene	
	etwaige schädliche Auswirkungen
	etwaiger schädlicher Auswirkungen
	etwaige Kranke
	etwaiger Kranker
die etwaigen schädlichen Auswirkungen	
alle etwaigen Kranken	

folgend

Von diesem Partizip wird nur der pronominale (fürwörtliche) Gebrauch im Sinn von „dieser, diese, dieses" berücksichtigt, also nicht die Bedeutung „nachfolgend, hinterher kommend". Das pronominal gebrauchte „folgend" bewirkt im Singular neben starker überwiegend schwache Beugung des Adjektivs. Im Plural ist die schwache Beugung dagegen selten.

Die Fügung *folgender Angestellte* u. ä. ist Papierdeutsch, sie kündigt innerhalb einer längeren Aufzählung an, daß ein einzelner Name für sich genannt wird (z. B.: *Kinderzulagen erhalten folgende Arbeiter: ..., folgender Angestellte: ...*).

folgender schöne Satz: ...	folgender schöner Satz: ...
folgendes schöne Gedicht: ...	folgendes schönes Gedicht: ...
folgenden schönen Satzes: ...	
[mit] folgender hübschen Ausrede: ...	[mit] folgender hübscher Ausrede: ...
mit folgendem schönen Satz: ...	*mit folgendem schönem Satz: ...
*folgender Angestellte: ...	
*mit folgender Angestellten: ...	
der folgende kurze Spruch: ...	
*der folgende Beamte: ...	

*folgende einheimischen Familien: ...	folgende einheimische Familien: ...
*wegen folgender wichtigen Ereignisse: ...	wegen folgender wichtiger Ereignisse: ...
*folgende Angestellten: ...	folgende Angestellte: ...
*folgender Angestellten: ...	folgender Angestellter: ...
die folgenden neuen Bücher: ...	
die folgenden Beamten: ...	

gedacht

Dieses Partizip wird genauso behandelt wie das gleichbedeutende *besagt,* vgl. dieses.

gewiß

Auch dieses Adjektiv wird hier nur im Sinn von „nicht genau bestimmbar, nicht näher bezeichnet" erfaßt. Im Genitiv Plural wird das folgende Adjektiv manchmal schwach gebeugt, besonders wenn weitere Wörter dazukommen. Es ist aber besser, hier stark zu beugen.

	gewisses unverantwortliches Gerede
wegen gewissen unverantwortlichen Geredes	
	in gewissem verdächtigem Zusammenhang
	gewisses Verdächtiges
	ein gewisser tödlicher Ernst
der gewisse Abgeordnete	ein gewisser Abgeordneter
	gewisse notwendige Änderungen
*gewisser [für den Betrieb] notwendigen Änderungen	gewisser notwendiger Änderungen
	gewisse Kranke
*gewisser am Typhus Erkrankten	gewisser am Typhus Erkrankter

irgendwelcher

Im Gegensatz zu *welcher* (s. d.) hat *irgendwelcher* die Bedeutung „nicht näher bekannt oder bezeichnet". Dieses Wort wird entweder wie ein Pronomen oder wie ein Adjektiv behandelt, daher kann das folgende Adjektiv sowohl stark wie schwach gebeugt werden.

irgendwelches dumme Zeug	irgendwelches dummes Zeug
irgendwelchen alten Plunders	
wegen irgendwelcher	wegen irgendwelcher schmutziger
schmutzigen Wäsche	Wäsche
mit irgendwelchem alten Plunder	mit irgendwelchem altem Plunder
irgendwelche alten Lieder	irgendwelche alte Lieder
irgendwelcher klugen Leute	irgendwelcher kluger Leute
irgendwelche Angestellten	irgendwelche Angestellte
wegen irgendwelcher	wegen irgendwelcher Angestellter
Angestellten	

kein

Als Verneinung von *ein* wird *kein* genau wie der unbestimmte Artikel behandelt. Das folgende Adjektiv wird also nur dann stark gebeugt, wenn *kein* ohne Endung erscheint. Im Plural wird das folgende Adjektiv daher immer schwach gebeugt.

keine ruhige Minute	
keines neuen Gedankens	
mit keinem einzigen Wort	
mit keinem Angeklagten	
	kein neuer Gedanke
	kein einziges Wort
	kein Angeklagter
keine neuen Freunde	
keiner neuen Freunde	
keine Beamten	
keiner Beamten	

letztere

Das Wort hat den Sinn von „dieser, diese, dieses letztgenannte" und steht gewöhnlich im Gegensatz zu *erstere* „jener, jene, jenes erstgenannte". Beide Wörter dürfen nur gebraucht werden, wenn von zwei Personen oder Sachen die Rede ist. Bei drei und mehr Personen oder Sachen würde der Bezug unklar (vgl. S. 93f.).

Das auf *letztere* folgende Adjektiv wird im allgemeinen parallel gebeugt.

*letzterer neu ausbaute Weg	letzterer neu ausbauter Weg
letzteren neu ausbauten Weges	letzterer neu ausbauter Straße

*auf letzterem neu ausgebauten Weg	auf letzterem neu ausgebautem Weg
	letzterer Beamter
mit letzterem Beamten	mit letzterem Beamtem
der letztere neu ausgebaute Weg	
der letztere Bekannte	
	letztere nachdenklich stimmende Worte
*letzterer nachdenklich stimmenden Worte	letzterer nachdenklich stimmender Worte
	letztere Beamte
letzterer Beamten	letzterer Beamter
die letzteren kaum hörbaren Worte	
diese letzteren Bekannten	

manch

Dieses Wort wird im Singular nur als Pronomen behandelt, bewirkt also schwache Beugung des folgenden Adjektivs, wenn es nicht selbst endungslos ist. Im Plural kommen beide Beugungsweisen des Adjektivs vor, jedoch überwiegen die starken Formen.

mancher schöne Weg	
manchen/*manches schönen Weges	
mancher schönen Stunde	
auf manchem schönen Weg	
mancher Gewählte	
mit manchem Bekannten	
	manch neuer Gedanke
	mit manch hübschem Kind
	manch [ein] Geheilter
manche alten Soldaten	manche alte Soldaten
mancher frechen Worte	mancher frecher Worte
manche Angestellten	manche Angestellte
mancher Angestellten	mancher Angestellter
	manch schöne Stunden

mehrere

Das vom Adverb *mehr* abgeleitete Adjektiv kommt heute nur im Plural vor, es bewirkt meist starke Beugung. Eine Fügung wie *mehreres Gute* (soviel wie *einiges Gute*) ist veraltet.

	mehrere deutsche Gäste
* mehrerer alten Bücher	mehrerer alter Bücher
	mehrere Beamte
* mehrerer Beamten	mehrerer Beamter

obige

Das zum Adverb *oben* gebildete Wort (im Sinn von „oben genannt, erwähnt") wird nur als Adjektiv behandelt, bewirkt also parallele Beugung.

	obiger alter Spruch
	obiges von ihm gemaltes Bild
obigen alten Spruches	wegen obiger schöner Melodie
* mit obigem alten Spruch	mit obigem altem Spruch
	obiger Abgeordnete
* mit obigem Abgeordneten	mit obigem Abgeordnetem
der obige alte Spruch	
jener obige Abgeordnete	
	obige neue Erkenntnisse
	obiger neuer Erkenntnisse
	obige Beamte
* ... obiger Beamten	im Beisein obiger Beamter
die obigen neuen Erkenntnisse	
die obigen Beamten	

sämtlich

Das unbestimmte Zahlwort, das wie ein Adjektiv auf -*lich* gebildet ist, wird fast ausschließlich als Pronomen behandelt, bewirkt also schwache Beugung des folgenden Adjektivs.

sämtlicher gemahlene Kaffee	
sämtlichen gemahlenen Kaffees	
sämtlicher vorhandenen Energie	
mit sämtlichem gesparten Geld	
sämtliches Geschriebene	
mit sämtlichem Geschriebenen	
das sämtliche gute Geschirr	
das sämtliche Gesparte	
sämtliche vorhandenen Bücher	* sämtliche kleine Kinder
sämtlicher vorhandenen Bücher	sämtlicher vorhandener Bücher
sämtliche Gefangenen	* sämtliche Gefangene
sämtlicher Beamten	sämtlicher Beamter
die sämtlichen kleinen Fehler	
* die sämtlichen Kranken	

selbige

Dieses veraltende Wort, das die Bedeutung „derselbe eben genannte" hat, wird überwiegend als Adjektiv behandelt, bewirkt also parallele Beugung. Im Dativ Singular und Genitiv Plural kommt auch schwache Beugung des nachfolgenden Adjektivs vor, ebenso im Genitiv und Dativ Singular des Femininums.

	selbiger alter Freund
selbigen alten Freundes	
selbiger alten Tante	
mit selbigem alten Freund	mit selbigem altem Freund
	selbiger Bekannter
mit selbigem Bekannten	
* der selbige alte Freund	
* der selbige Bekannte	
	selbige neue Schuhe
selbiger neuen Schuhe	selbiger neuer Schuhe
	selbige Beamte
[wegen] selbiger Beamten	[wegen] selbiger Beamter
* die selbigen neuen Schuhe	
* die selbigen Bekannten	

sogenannt

Dieses Wort wird wie ein Adjektiv behandelt, bewirkt also parallele Beugung des folgenden Adjektivs.

	sogenannter passiver Widerstand
die Einfuhr sogenannten russischen Tees	der Verkauf sogenannter beschwerter Seide
* bei sogenanntem passiven Widerstand	bei sogenanntem passivem Widerstand
	sogenanntes Eingemachtes
* mit sogenanntem Eingemachten	mit sogenanntem Eingemachtem
der sogenannte graue Markt	ein sogenannter grauer Markt
dieser sogenannte Bekannte	ihr sogenannter Bekannter
	sogenannte dringende Maßnahmen
	sogenannter dringender Maßnahmen
	sogenannte Vorbestrafte
* sogenannter Vorbestraften	sogenannter Vorbestrafter
die sogenannten eindeutigen Beweise	
diese sogenannten Beamten	

solch

Nach diesem Demonstrativpronomen (hinweisenden Fürwort) mit der Bedeutung „so beschaffen, so geartet" wird das Adjektiv im Singular fast ausschließlich schwach gebeugt. Im Plural treten beide Beugungsweisen auf, jedoch ist auch hier die schwache häufiger. Nach der endungslosen Form *solch* ist natürlich nur starke Beugung möglich.

solcher harte Boden	* solcher feiner Stoff
solchen/*solches harten Bodens	
solcher guten Milch	* solcher guter Milch
mit solchem frischen Brot	* mit solchem frischem Brot
solches Geschriebene	
von solchem Beamten	
	solch schwerer Wein
solch schweren Weines	
	solch schwerem Wein
	solch Schönes
	solch ein schöner Tag
solch eines schönen Tages	
solch einem schönen Tag	
	solch ein Beamter
solch eines Beamten	
solch einem Beamten	
	ein solcher schöner Tag
eines solchen schönen Tages	
	ein solcher Beamter
eines solchen Beamten	
solche schönen Reisen	solche schöne Reisen
solcher großen Künstler	solcher großer Künstler
solche Abgeordneten	solche Abgeordnete
solcher Kranken, Abgeordneten	
	solch bunte Blumen
	solch bunter Blumen

sonstige

Dieses Wort im Sinne von „weitere, andere" wird überwiegend als Adjektiv behandelt, bewirkt also parallele Beugung.

	sonstiger fremder Besitz
sonstigen fremden Besitzes	sonstiger unerwünschter Störung
* mit sonstigem fremden Besitz	mit sonstigem fremdem Besitz
	sonstiges Unangenehmes

* von sonstigem Unangenehmen	von sonstigem Unangenehmem
der sonstige fremde Besitz	
alles sonstige Unangenehme	
	sonstige alte Freunde
* sonstiger alten Freunde	sonstiger alter Freunde
	sonstige Bekannte
* sonstiger Bekannten	sonstiger Bekannter
meine sonstigen alten Freunde	
die sonstigen Bekannten	

ungezählt

Dieses Adjektiv wird genau wie *zahllos* behandelt, vgl. dieses.

unzählig

Dieses Adjektiv bewirkt – mit zwei Ausnahmen – parallele Beugung.

* unzähliges Gute	unzähliges Gutes
	mit unzähligem Gutem
	unzählige kleine Fehler
	unzähliger kleiner Fehler
	unzählige Angestellte
* unzähliger Angestellten	unzähliger Angestellter
die unzähligen kleinen Fehler	
die unzähligen Angestellten	

verschieden

Bei diesem Wort wurde nur die Bedeutung „manches, mehrere" berücksichtigt. Bis auf die bekannten Ausnahmen bewirkt es starke Beugung des folgenden Adjektivs.

	verschiedenes beschädigtes Material
verschiedenen beschädigten Materials	verschiedener beschädigter Ware
	mit verschiedenem neuem Material
* verschiedenes Gute	verschiedenes Gutes
	mit verschiedenem Neuem
	verschiedene neue Mitglieder
	verschiedener neuer Mitglieder
	verschiedene Bekannte
* verschiedener Bekannten	verschiedener Bekannter

viel

Nach diesem unbestimmten Zahlwort wird das Adjektiv im Singular überwiegend schwach gebeugt, im Plural dagegen stark. Nach der endungslosen Form tritt natürlich gleichfalls nur die starke Beugung auf.

	vieler schöner Schnee
vieles alte Gerümpel	
vielen alten Gerümpels	
mit vielem kalten Wasser	mit vieler natürlicher Anmut
vieles Unbekannte	
mit vielem Neuen	mit viel Neuem
	viel gutes Essen
	mit viel gutem Rat
	viel Geschriebenes
der viele gute Wein	
das viele Geschriebene	
	viele kleine Kinder
* vieler kleinen Kinder	vieler kleiner Kinder
* viele Angehörigen	viele Angehörige
* vieler Beamten	vieler Beamter
	viel junge Leute
	viel Kranke
die vielen schönen Bücher	
die vielen Kranken	

weitere

Dieses Adjektiv, eigentlich der Komparativ zu *weit,* bewirkt – bis auf die bekannten Ausnahmen – parallele Beugung.

	weiteres gedrucktes Material
weiteren gedruckten Materials	weiterer großer Anstrengung
* mit weiterem gedruckten Material	mit weiterem gedrucktem Material
	weiteres Wichtiges
	mit weiterem Wichtigem
das weitere gedruckte Material	ein weiterer schwerer Unfall
das weitere Wichtige	ein weiterer Angestellter
	weitere intensive Versuche
	weiterer intensiver Versuche
	weitere Beamte
* weiterer Beamten	weiterer Beamter
die weiteren schweren Unfälle	
die weiteren Beteiligten	

welch

Dieses Interrogativpronomen (Fragefürwort) wird ganz als Pronomen behandelt, bewirkt also, wenn es nicht endungslos ist, die schwache Beugung des folgenden Adjektivs. Im Genitiv Singular kann es selbst stark oder schwach sein *(welches, welchen).*

```
welcher junge Mann
welches neuen Zeugen
welches/welchen jungen Mannes
mit welchem jungen Mann
welcher Abgeordnete
mit welchem Abgeordneten
                        welch schönes Mädchen
                        welch Mutiger
                        welch ein schönes Mädchen
welche neuen Gedanken
welcher alten Bilder
welche Beamten
welcher Beamten
                        welch traurige Nachrichten
```

wenig

Anders als sein Gegenwort *viel* bewirkt *wenig* auch im Singular fast ausschließlich parallele Beugung. Wir sehen daran, daß die Sprache nicht immer unter einem Systemzwang steht. Wörter, die in irgendwie gearteten Bedeutungsbeziehungen zueinander stehen, müssen deshalb noch nicht in ihrem formalen Gebrauch übereinstimmen.

Nach endungslosem *wenig* tritt natürlich die starke Beugung auf.

```
                        weniges gutes Material
an Hand wenigen guten
Materials
mit wenigem guten Willen        * mit wenigem gutem Willen
                        mit weniger konzentrierter Kraft
* nur weniges Gute              nur weniges Gutes
mit wenigem Neuen               mit wenigem Neuem
                        nur wenig alter Schmuck
                        wenig Neues
                        nur ein wenig gemahlener Kaffee
der wenige gute Schmuck
das wenige Gute
                        wenige alte Leute
                        weniger alter Leute
```

	wenige Beamte
	weniger Beamter
	wenig neue Ideen
	wenig Kranke
die wenigen alten Freunde	
die wenigen Bekannten	

zahllos

Dieses Adjektiv wird nur im Plural gebraucht und bewirkt fast ausschließlich parallele Beugung.

	zahllose rostige Nägel
	zahlloser rostiger Nägel
	zahllose Angestellte
* zahlloser Angestellten	zahlloser Angestellter
die zahllosen neugierigen Blicke	
die zahllosen Kranken	

zahlreich

Dieses Adjektiv wird hier nur in der Bedeutung „viel" erfaßt, also nicht in Fügungen wie *eine zahlreiche Familie,* wo es „aus vielen Mitgliedern bestehend" bedeutet. Es bewirkt parallele Beugung.

	zahlreiches neues Material
an Hand zahlreichen neuen	
Materials	
	mit zahlreichem neuem Material
	zahlreiche alte Mitarbeiter
	zahlreicher alter Mitarbeiter
	zahlreiche Abgeordnete
* zahlreicher Abgeordneten	zahlreicher Abgeordneter
die zahlreichen kleinen Fehler	
die zahlreichen Bekannten	

zwei

Von allen bestimmten Zahlwörtern sind heute bei attributivem Gebrauch nur noch *zwei* und *drei* deklinierbar, und auch diese nur im Genitiv. Das nachfolgende Adjektiv wird parallel, d.h. in diesem Fall stark gebeugt. Die schwache Beugung kommt nur noch vereinzelt vor, ist jedoch beim substantivierten Adjektiv oder Partizip sogar etwas häufiger als die starke.

* zweier guten Bücher	zweier guter Bücher
zweier Angestellten	zweier Angestellter
zweier Liebenden	zweier Liebender
zweier Schönen	* zweier Schöner
	zwei gute Bücher
	zwei Kranke
die zwei neuen Mitarbeiter	
dieser zwei Angestellten	

Abgewandt und umgewendet

Starke und schwache Formen gibt es im Deutschen nicht nur bei den Substantiven und Adjektiven, sondern auch bei den Verben. Und wenn es dort in der Deklination die „kräftigen" Endungen auf -s, -m, -r sind, die der „schwachen" Einheitsendung -en gegenüberstehen, so ist es hier in der Konjugation der Wechsel des Stammvokals, der sogenannte Ablaut, der die Formen der starken Verben prägt und sie – bis in die Ableitungen hinein – in bunter Vielfalt entwickelt *(binden, band, gebunden – die Binde, das Band, der Bund; schließen, schloß, geschlossen – der Schließer, das Schloß, der Schlüssel, der Schluß)*. Die schwachen Verben dagegen können ihre Formen nur mit Hilfe von Endungen bilden *(leben, lebte, gelebt; warten, wartete, gewartet)*.

Es gibt aber noch eine dritte Gruppe, die sogenannten unregelmäßigen Verben. Sie haben fast alle den Ablaut, bilden aber die erste Vergangenheit (das Präteritum) und das zweite Partizip mit Hilfe von schwachen Endungen:

○ *nennen, nannte, genannt; rennen, rannte, gerannt; kennen, kannte, gekannt.*

Bei einigen ändern sich auch die Konsonanten:

○ *denken, dachte, gedacht; bringen, brachte, gebracht.*

Nur nebenbei sei daran erinnert, daß es auch bei den starken Verben Unregelmäßigkeiten gibt:

○ *stehen, stand, gestanden; gehen, ging, gegangen; ziehen, zog, gezogen; leiden, litt, gelitten*

und daß es Verben gibt, die sich heute in überhaupt keine Klasse mehr einordnen lassen:

    ○ *sein,* ich *bin,* ich *war,* ich bin *gewesen; tun* (immer ohne *-e-*!), ich *tue,* ich *tat,* ich habe *getan.*

Alle diese Besonderheiten lassen sich aus der Sprachgeschichte erklären. Aber das hilft uns für die Gegenwartssprache wenig. Es hilft uns vor allem dann nicht, wenn manche Verben nicht nur unregelmäßige Formen haben, sondern sogar Doppelformen. Das ist bei *wenden* und *senden* der Fall:

    ○ *wenden,* ich *wandte* oder *wendete,* ich habe *gewandt* oder *gewendet; senden,* ich *sandte* oder *sendete,* ich habe *gesandt* oder *gesendet.*

Wo Doppelformen vorkommen, neigt der Sprachgebrauch im allgemeinen dazu, die Unterschiede auszugleichen, eine Form zugunsten der anderen zu verdrängen oder aber beide Formen auf verschiedene Bedeutungen festzulegen. Von einigen Lösungen der letzten Art haben wir schon gesprochen (S. 9f. *Worte/Wörter,* S. 11f. *Schilde/Schilder, Bänder/Bande/Bände*). Bei *wenden* und *senden* ist diese Trennung nur unvollkommen gelungen. Es gibt lediglich einige Bedeutungen, für die die Vergangenheitsformen mit *-e-* allein gelten:

    ○ **wenden:** Der Schneider hat den Rock *gewendet* (die linke Seite nach außen gedreht). Der Reiter *wendete* sein Pferd (drehte es in die umgekehrte Richtung). Der Fahrer, das Auto hat *gewendet* (die entgegengesetzte Fahrtrichtung eingeschlagen). Dieser Schwimmer *wendete* als erster (kehrte am Ende der Bahn um). Der Hering wird in Mehl *gewendet* (auf die andere Seite gedreht).
    abwenden: Er hat die Gefahr, das Unglück *abgewendet* (verhindert, ferngehalten).
    entwenden: Er hat Geld *entwendet* (gestohlen), sie *entwendete* (stahl) ihm die Brieftasche.
    senden: Das Fernsehen *sendete* Kurznachrichten (strahlte sie aus). Der Rundfunk hat ein Konzert *gesendet* (übertragen).
    aussenden: Das Gerät hat Notsignale *ausgesendet* (gefunkt). Dieses Produkt *sendete* radioaktive Strahlen aus.

Wir sehen also: Bei *wenden* heben sich zwei spezielle Bereiche heraus. Wann etwas umgedreht, auf die andere Seite gedreht wird und wenn jemand oder etwas die Richtung seiner Fortbewegung ändert, dann heißt es nur: *wendete, gewendet.* Und bei *senden* hat allein der Bereich der modernen Ton- und Bildübertragung sich abgesondert: Der Sender *sendet, sendete,* hat *gesendet.*

In allen anderen Bedeutungen der beiden Verben sind grundsätzlich beide Vergangenheitsformen möglich und werden von der Grammatik anerkannt. Im praktischen Gebrauch gibt es aber bezeichnende Unterschiede.

Sobald der Mensch sich selbst *wendet, ab-, umwendet,* einem anderen *zuwendet,* sobald er den Kopf, die Augen, den Blick *wendet, zu-* oder *abwendet,* heißt es überwiegend *er wandte, er hat gewandt:*

○ Er *wandte* sich zum Gehen. Sie *wandte* ihm ihren Blick zu. Er *wandte* mir den Rücken. Er *wandte* sich rasch ab. Sie stand mit *abgewandtem* Gesicht. Sie hatte sich *umgewandt.* Er *verwandte* keinen Blick von dem Bild.

Die Formen mit *-e-* sind hier seltener:

○ Er *wendete* sich zum Gehen. Sie *wendete* ihm ihren Blick zu. Er *wendete* mir den Rücken. Rasch *wendete* er sich ab. Sie stand mit *abgewendetem* Gesicht. Sie hatte sich *umgewendet.*

Noch häufiger ist *wandte* bei übertragenem Gebrauch:

○ Sie *wandte* sich hilfesuchend an den Minister. Er hat ihr seine Liebe *zugewandt.* Die Mode hat sich neuen Formen *zugewandt.* Er *verwandte* sich für mich bei dem Direktor (setzte sich für mich ein). Er *wandte* ein, es sei zu spät.

Auch hierbei sind natürlich Formen mit *-e-* nicht ausgeschlossen.

Wenn aber irgendeine Sache das Objekt ist, dann kommen die *e*-Formen stärker ins Spiel:

○ Er hat viel Fleiß an diese Arbeit *gewendet* oder *gewandt.* Er *wendete* oder *wandte* ein neues Verfahren *an.* Sie *wendete* oder *wandte* ihre ganze Beredsamkeit *auf,* ihn zu überzeugen. Er *wendete/*(selten: *wandte*) die Seiten *um.* Er *verwendete* oder *verwandte* dieses Buch im Unterricht.

Wieder anders ist es bei *senden.* Hier überwiegen im allgemeinen die Formen mit *-a-:*

○ Sie *sandte* mir herzliche Grüße. Er hat den Brief mit Einschreiben *gesandt.* Sie *sandte* das Paket sofort *ab.* Kundschafter wurden *ausgesandt.* Er *sandte* das Gedicht an die Zeitung *ein.* Die Regierung *entsandte* einen Beobachter zu der Konferenz. Der Brief wurde mir *nachgesandt.* Die Prospekte sind gestern *versandt* worden. Er *sandte* mir das Buch *zu,* hat es mir *übersandt.*

Gewiß sind hier überall Formen mit *-e-* zulässig, sie sind aber selten und vor allem im Bereich der Postsendungen kaum üblich. Eher schon hört man:

○ Kundschafter, Missionare wurden *ausgesendet.*

Und nun noch etwas Wichtiges: Die Partizipien der ganzen Verbgruppe, soweit sie als Adjektive oder Substantive gebraucht werden, sind durchweg mit *-a-* gebildet:

○ ein *gewandter* (geschickter) Mann; der *Verwandte;* wir sind *verwandt;* *angewandte* Mathematik; der *Gesandte;* der *Abgesandte;* *eingesandte* Beiträge.

Und daraus läßt sich zum Schluß – nach so viel verwirrenden Doppelformen – doch eine kleine Empfehlung ableiten: Man folge mit gutem Gewissen dem allgemeinen Brauch, der die *a*-Formen bevorzugt. Sie sind schöner im Klang und zudem prägnanter. Man achte nur darauf, daß der Leser oder Hörer nicht unnötig durch einen Gleichklang mit den Adjektiven *verwandt* und *gewandt* gestört wird:

○ alle *verwandten* (besser: *verwendeten*) Zutaten; der Ausdruck wird besonders *verwandt* (besser: *verwendet*), um … ; die an diese Arbeit *gewandte* (besser: *gewendete*) Sorgfalt.

Er fragt, er bäckt, er lädt

Drei Verben wollen wir hier betrachten, die in bestimmten Formenbildungen übereinstimmen. Aber das erste gehört eigentlich nicht dazu. Es geht um *a* und *ä* und *u*.

Was fragst du mich?

Heißt es *fragst du* oder *frägst du*? Heißt es *frug* oder *fragte*? „Fragen" ist ein schwaches Verb, deshalb kann es keinen Umlaut haben, und die erste Vergangenheit darf nicht mit einem Ablaut gebildet werden. Richtig ist nur:

○ ich *frage*, du *fragst*, er *fragt*, ich *fragte*, ich habe *gefragt*.

Schauen wir zuerst auf den Umlaut von *a* zu *ä*. Die starken Verben mit dem Präsensvokal -*a*- haben ihn fast alle:

○ du *schlägst*, du *trägst*, du *fährst*; er *fällt*, er *fängt*, er *läßt*. Ausnahme: du *schaffst*, er *schafft* (*schaffen* kommt auch schwach gebeugt vor!)

Bei schwach gebeugten Verben kann sich der Vokal nicht ändern:

○ du *jagst*, du *sagst*, du *rast*, er *lacht*, er *starrt*.

Sodann der Ablaut: Das -*u*- in der ersten Vergangenheit (im Präteritum) ist ein Kennzeichen der Ablautreihe *a - u - a*:

○ *fahren*, *fuhr*, *gefahren*; *schlagen*, *schlug*, *geschlagen*; *tragen*, *trug*, *getragen*.

An diese Reihe hat sich also *fragen* angeschlossen, aber nur mit den beiden erwähnten Formen. Das geschah zuerst im Niederdeutschen (*he frog* „er fragte", *he frögg* „er fragt") und danach seit dem 18. Jahrhundert im Hochdeutschen; zuerst bei norddeutschen Schriftstellern (*er frug*, *er frägt*), aber vereinzelt auch bei Goethe und Schiller. Schon damals haben die Grammatiker diese Formen getadelt. Wir wollen hier nur Johann Christoph Adelung aus der 1. Auflage seines Hochdeutschen Wörterbuchs (1775, Bd. I, Spalte 259) zitieren:

○ „Daß einige Niedersachsen, wenn sie Hochdeutsch reden wollen, dieses Zeitwort im Imperfect irregulär abwandeln, *ich frug,* für *ich fragte,* ist schon von andern gerüget worden. Häufiger, aber darum nicht richtiger, ist die Abwandelung des Präsentis *du frägst, er frägt,* für *du fragst, er fragt.*"

Nun, die armen Niedersachsen stehen heute längst nicht mehr allein. Die starken Formen gehören auch anderwärts zur landschaftlichen Umgangssprache, und darüber hinaus macht der Anklang an *er trug, er trägt, er schlug, er schlägt* überall und immer wieder auch gebildete Sprecher unsicher.

Nein, *er frug* ist keine alte, erhaltungswürdige Form und auch kein gehobener Sprachstil, es ist ganz einfach in der Hochsprache nicht korrekt.

Der Bäcker bäckt

Umgekehrt steht es bei *backen,* das doch ein starkes Verb aus der gleichen Reihe wie *schlagen* und *tragen* ist. Ein Satz wie *Die Mutter buk Plätzchen* klingt uns heute veraltet. Diese Form *buk* paßt ja auch gar nicht zu dem kurzen -*a*- von *backen.* So hat sich – wieder seit dem 18. Jahrhundert und ebenfalls von Norddeutschland her – die schwache Form *backte* für die erste Vergangenheit eingebürgert, die heute als Normalform gilt. Das ist auch für das Präsens nicht ohne Folgen geblieben: Neben den Hauptformen *du bäckst, er bäckt* sind jetzt *du backst, er backt* als Nebenformen ohne Umlaut anerkannt.

Ein anderes Wort ist aber das schwache Verb *backen* „sich zusammenballen, kleben", das aus dem Niederdeutschen ins Hochdeutsche übernommen wurde. Hier gibt es keinen Umlaut:

○ Der Schnee *backt*; der Schnee *backte* an den Skiern, hat an den Skiern *gebackt.*

Er lädt uns ein

Das dritte Wort, von dem wir hier zu sprechen haben, ist in den Wörterbüchern mit Recht doppelt vorhanden. Die beiden Verben mit den Stammformen *laden – lud – geladen* haben nach Herkunft und Bedeutung gar nichts miteinander zu tun.

Keine Schwierigkeiten macht das erste *laden* im Sinne von „aufladen, zum Transport beladen", technisch: „mit Munition, mit elektrischer Energie versehen":

○ Er *lädt* Kartoffeln in den Wagen. Du *lädst* dir den Sack auf die Schulter. Der Jäger *lud* die Flinte. Die Batterie wird *geladen.*

Dieses Wort ist allen germanischen Sprachen gemeinsam (althochdeutsch *hladan,* englisch *to lade,* schwedisch *ladda* usw.). Es geht von einer Grundbedeutung „hinbreiten, aufschichten" aus (vgl. Duden-Herkunftswörterbuch 1963, S. 383).

Das andere *laden* mit der Bedeutung „zum Kommen auffordern, einladen, vorladen" war ursprünglich ein schwaches Verb. Es ist wahrscheinlich eine Ableitung von dem Substantiv *der Laden* in dessen ältester Bedeutung „Brett, Bohle". In alter Zeit wurde ein Bote mit einem eingekerbten Brett oder Holzstück herumgeschickt, wenn man die Nachbarn oder Stammesgenossen zu einer Versammlung „laden" wollte. Auch dieses Wort war allen germanischen Sprachen gemeinsam, hat sich aber nur im Deutschen erhalten (althochdeutsch *ladōn,* mittelhochdeutsch *laden*). Es ist schon im 16. Jahrhundert, zu Luthers Zeit, mit dem anderen Verb *laden* zusammengefallen und hat heute in der Hochsprache nur die starken Formen *(du lädst, er lädt, er lud, er hat geladen).* Die Formen ohne Umlaut *(du ladest, er ladet)* sind veraltet, kommen aber landschaftlich noch vor. Wir sagen also (*einladen* und *vorladen* sind häufiger als das einfache *laden*):

    ○ Sie *lädt* (landsch.: *ladet*) uns zum Tee. Wir haben Freunde *eingeladen.* Er hielt einen Vortrag vor *geladenen* Gästen. *Lädst* (landsch.: *ladest*) du ihn *ein?* Er wurde als Zeuge *vorgeladen.*

Auch in offiziellen Einladungsschreiben sollte man daher besser die Form *lädt* statt der veralteten Form *ladet* gebrauchen:

    ○ Das Institut *lädt* zu einem öffentlichen Vortrag *ein.*

    ○ ... Es *lädt* herzlich *ein*
         die Johanniskantorei

Wir sehen also: drei Wörter, drei Schicksale. Es geht nicht alles nach dem gleichen System, auch wenn das System so altbewährt ist wie diese Ablautsreihe. Jedes Wort unterliegt im Sprachgebrauch besonderen Einflüssen, die sich aus seinen Bedeutungen, seiner größeren oder geringeren Geläufigkeit und mancherlei anderem ergeben. Dabei sind dies nur Beispiele, denen man viele weitere hinzufügen könnte.

Friß, Vogel, oder stirb!

„Nun eß doch!" sagt das Kindermädchen zum kleinen Jungen. „Werfe das Glas nicht um!" mahnt die Mutter den Sohn. „Da, les mal!" sagt der Mann zur Frau und reicht ihr den Steuerbescheid.

Die Befehlsformen (Imperative) in diesen Sätzen sind falsch. Das weiß fast jeder, der Deutsch spricht oder Deutsch gelernt hat, und

trotzdem kommen solche Fehler immer wieder vor. In der gesproche-
ne Sprache sind sie allerdings häufiger als in der geschriebenen. Die
richtigen Formen sind natürlich *iß!, wirf!, lies!*

Es erscheint merkwürdig, daß der Fehler fast nur im Imperativ gemacht wird. Wer ein wenig nachdenkt, kommt schnell darauf, daß
das -i- ja auch in der zweiten und dritten Person Singular auftritt und
daß er es da ganz selbstverständlich richtig macht: *ich esse, du ißt, er
ißt; ich werfe, du wirfst* usw.

Wir haben den sogenannten e/i-Wechsel vor uns, der in der deutschen Sprache schon seit alter Zeit bezeugt ist. Er betrifft nur starke
Verben, deren erster Stammvokal ein -e- (vereinzelt auch -ä- oder -ö-)
ist. Ein paar Beispiele mögen das zeigen:

○ befehlen: ich befehle, du befiehlst, er befiehlt, befiehl!
helfen: ich helfe, du hilfst, er hilft, hilf!
nehmen: ich nehme, du nimmst, er nimmt, nimm!
stechen: ich steche, du stichst, er sticht, stich!
stehlen: ich stehle, du stiehlst, er stiehlt, stiehl!
gebären: ich gebäre, du gebierst, sie gebiert, gebier!
vergessen: ich vergesse, du vergißt, er vergißt, vergiß!
geben: ich gebe, du gibst, er gibt, gib!
treten: ich trete, du trittst, er tritt, tritt!
flechten; ich flechte, du flichtst, er flicht, flicht!
schmelzen: ich schmelze, du schmilzt, er schmilzt, schmilz!
quellen: ich quelle, du quillst, es quillt, quill!
erlöschen: ich erlösche, du erlischst, er erlischt, erlisch!

Wie gesagt, kaum jemand wird falsche Formen wie „du gebst", „sie
stecht", „er nehmt" gebrauchen. Eher hört man einmal ein falsches
„Das Wasser quellt hervor", weil es auch ein schwaches Verb *quellen*
„im Wasser aufgehen lassen" gibt *(Die Mutter quellt Bohnen, hat Bohnen gequellt).* Bei dem selten gebrauchten *gebären* aber sind die Formen *du gebärst, sie gebärt, gebäre!* sogar schon anerkannt, und die alten Formen mit -ie- gelten als gehobene Sprache.

Wer also beim Imperativ unsicher ist, braucht sich nur die zweite
Person Singular ins Gedächtnis zu rufen, um das Richtige zu finden.
Das hilft freilich vor allem denen, die Deutsch als Muttersprache
sprechen. Wer von einer fremden Sprache herkommt, muß alle Formen erst lernen. Dabei aber wird er merken, daß die meisten dieser
Verben in der ersten Vergangenheit (Präteritum) ein -a- haben und
im zweiten Partizip ein -o- oder -e- *(helfen, half, geholfen; essen, aß,
gegessen).* Anders gesagt: Die Ablautreihen e - a - o und e - a - e haben
den e/i-Wechsel fast durchweg. Hier gibt es nur zwei Ausnahmen:

○ *werden, ward/wurde, geworden* hat die Präsensformen *du wirst, er wird,*
aber den Imperativ *werde!*

○ *genesen, genas, genesen* hat die Präsensformen *du genest* oder *genesest, er genest* und den Imperativ *genese!*

Eine dritte Gruppe bilden die Verben der Reihe e - o - o. Aber hier gibt es viele Ausnahmen:

○ *bewegen* (= veranlassen), *heben, weben, scheren* (= schneiden) und *gären* haben keine -i-Formen, und bei *melken* haben sich heute die schwachen Formen *du melkst, er melkt, melke!* durchgesetzt (älter: *du milkst, er milkt, milk!*).

Ganz ohne -i-Formen jedoch ist die Reihe e - a - a. Aber diese Verben haben ja trotz ihres Ablauts ein unregelmäßiges Präteritum und ein schwaches zweites Partizip:

○ *denken, dachte, gedacht; kennen, kannte, gekannt; nennen, nannte, genannt; rennen, rannte, gerannt; wenden, wandte/wendete, gewandt/gewendet.*

Hier heißt es also nur: *du denkst, er denkt, denke!; du rennst, er rennt, renne!* usw.

Wahrlich eine komplizierte Angelegenheit! Und wem es gar zu schwer fällt, hier Ordnung zu schaffen, dem seien zur Übung ein paar Sprüchlein genannt, wie sie n i c h t sein sollen:

○ Fresse, Vogel, oder sterbe! – Nehme und lese! – Arzt, helf dir selber!

Aber das klingt ja so hart ins Ohr wie der Name des Blümleins „Vergeßmeinnicht". (Ja, Sie haben richtig gelesen, der Name ist falsch gedruckt.)

Wie bin ich erschrocken – wie hast du mich erschreckt!

Bei der Wortfamilie *schrecken/erschrecken* geraten leicht ein paar Formen durcheinander, denn die starke und die schwache Beugung gehen beide von derselben Infinitivform aus. Wir müssen zwei Gruppen unterscheiden. Das starke Verb *schrecken (schrecke, schrak, geschrocken)* kommt heute nur noch in bestimmten Zusammensetzungen und mit der festen Vorsilbe *er-* vor:

○ Sie *schrickt auf,* sie *schrickt hoch,* wenn er hereinkommt (zu *aufschrecken, hochschrecken*). Ich bin heftig *zusammengeschrocken.* Sie *erschrak* furchtbar. Bitte *erschrick* nicht, wenn er dir begegnet.

Dieses Verb, das also den e/i-Wechsel hat (vgl. S. 59 ff.), bedeutete ursprünglich „springen, aufspringen" (daran erinnert noch der Name der *Heuschrecke,* die auch *Grashüpfer* heißt), und danach „in Schrecken geraten".

Daneben gibt es ein schwaches *schrecken (schrecke, schreckte, geschreckt)* mit der Bedeutung „in Schrecken versetzen", das ebenfalls in Zusammensetzungen und mit der Vorsilbe er- (selten auch *ver-*) auftritt, aber auch allein vorkommt:

○ Träume, Geräusche *schreckten* sie. Du hast mich aus dem Schlaf *geschreckt*. Mit Drohungen kannst du ihn nicht *schrecken*. Der Hund hat die Hühner *aufgeschreckt*. Du darfst dich von seinem Benehmen nicht *abschrecken* lassen. Sie *schreckt* die Eier *ab* (übergießt sie mit kaltem Wasser). Sein Aussehen *erschreckte* sie, hat sie *erschreckt*. Das Kind war ganz *verschreckt* (verängstigt).

Dieses zweite *schrecken* ist also das, was man in der Sprachwissenschaft ein Veranlassungsverb nennt (vgl. *setzen* „sitzen machen", *stellen* „zum Stehen bringen", *tränken* „trinken lassen" u. ä.). Solche Veranlassungsverben werden stets schwach gebeugt.

Und wo beginnt nun die Verwechslung? Schwache Formen können leicht in die starke Beugung eindringen *(sie schreckt auf, sie schreckte zusammen* statt richtig *sie schrickt auf, sie schrak zusammen).* In der Jägersprache wird *schrecken* in der Bedeutung „einen Angstlaut ausstoßen" schon immer schwach gebeugt (das Reh *schreckte,* hat *geschreckt),* obwohl hier eigentlich die starken Formen richtig wären. Bei *zurückschrecken* bringt auch der Duden Formen beider Art:

○ Er *schrickt,* er *schrak* vor dem Hund *zurück.* Er ist *zurückgeschreckt* (selten: *zurückgeschrocken),* als er die Schlange sah. (In übertragener Bedeutung nur schwach:) Er *schreckt* vor der Aufgabe *zurück* (wagt sich nicht daran). Er ist auch vor Gewaltmaßnahmen nicht *zurückgeschreckt.*

Umgekehrt ist es bei *erschrecken,* das in der Umgangssprache, besonders in Norddeutschland, auch reflexiv gebraucht wird:

○ Das Mädchen *erschrak* sich / *erschreckte* sich, als sie ihn sah. Wie habe ich mich *erschrocken/erschreckt.*

Diese Sätze gehören nicht in die Hochsprache. Wer korrekt sprechen will, muß darum den Unterschied beachten, wie ihn unsere Überschrift zeigt:

○ *Junge, du hast mich aber erschreckt! – Wie hast du mich erschreckt!*

○ *Da bin ich aber erschrocken! – Wie bin ich erschrocken,* als plötzlich die Tür aufsprang!

Mitgefangen, mitgehangen!

Das alte Sprichwort hat nur noch symbolischen Wert: Wer mit andern ertappt wird, muß auch die Strafe mit ihnen tragen. Aber das Sprichwort zeigt uns, daß die Formen von *hängen* auch in alter Zeit schon verwechselt und durcheinandergeworfen worden sind. Das ist nicht verwunderlich, denn hier haben sich drei alte Verben miteinander vermischt: das starke Verb mittelhochdeutsch *hāhen, hienc (hie), gehangen* „hängen, aufgehängt sein" und die schwachen Verben mittelhochdeutsch *hangen, hangete, gehanget* „an etwas befestigt sein" und mittelhochdeutsch *hengen, hengete, gehenget* „hängen lassen, hängen machen". Dabei blieben auch transitiver und intransitiver Gebrauch nicht streng geschieden. Erst die Grammatiker des 18. und 19. Jahrhunderts haben die Formen und Bedeutungen bereinigt, und seitdem werden in gutem Deutsch zwei Verben genau unterschieden:

○ 1. das intransitive, stark gebeugte Verb
   hängen, hing, gehangen

○ 2. das transitive, schwach gebeugte Verb
   hängen, hängte, gehängt.

Richtig ist also:

○ 1. *Der Mantel hing im Schrank, er hat im Schrank gehangen.* 2. *Er hängte den Mantel in den Schrank, er hat ihn in den Schrank gehängt.*

Und so heißt es auch richtig: *Der Dieb hing am Galgen, er wurde an den Galgen gehängt* (oder, mit einem heute veralteten andern Verb: *er wurde gehenkt*). Das oben zitierte Sprichwort aber müßte richtig lauten: *Mitgefangen, mitgehängt.* Doch der alte Reim war eben stärker als die neue Grammatik!

Im Präsens haben sich heute die umgelauteten Formen durchgesetzt: *ich hänge, du hängst, er hängt, wir hängen, ihr hängt, sie hängen.* Nur in den oberdeutschen Mundarten und im Schweizerischen gelten auch noch die Formen ohne Umlaut *(ich hange, du hangst, er hangt)*, die im Schweizerischen sogar ein schwaches Präteritum und zweites Partizip erhalten *(hangeti, g'hanget).* Es heißt also richtig:

○ *Das Bild hängt an der Wand. Die Äste hängen über den Zaun. Er hängt an seiner Familie.*

Die Formen der Vergangenheit aber werden in der Alltagssprache noch oft durcheinandergebracht. Hier muß man also aufpassen. Richtig ist nur:

○ *Er hängte* (nicht: *hing*) *das Bild an die Wand. Sie hat die Wäsche auf die Leine gehängt* (nicht: *gehangen*). *Die Blumen hängten* (nicht: *hingen*) *die Köpfchen. Er hängte* (nicht: *hing*) *seinen Beruf an den Nagel.*

Und umgekehrt:

○ *Der Mantel hat lange im Schrank gehangen* (nicht: *gehängt*).

Schwierigkeiten gibt es auch bei den Zusammensetzungen mit *-hängen.* Einige kommen nur intransitiv vor:

○ **durchhängen:**
Das Kabel hing (nicht: *hängte*) *durch.*
nachhängen:
Er hing (nicht: *hängte*) *seinen Gedanken nach.*

Andere sind nur transitiv:

○ **aufhängen:**
Sie hängte (nicht: *hing*) *die Wäsche auf.*
Man hat ihn aufgehängt (nicht: *aufgehangen*).
einhängen:
Er hängte (nicht: *hing*) *den Telefonhörer ein.*
umhängen:
Er hängte (nicht: *hing*) *sich den Mantel um.*
weghängen:
Sie hat den Anzug weggehängt (nicht: *weggehangen*).
zuhängen:
Wir hängten (nicht: *hingen*) *die Fenster zu.*

Die dritte Gruppe dieser Verben hat beide Funktionen und muß dementsprechend stark oder schwach dekliniert werden:

○ **abhängen:**
1. *Das hing von den Umständen ab.*
Ein gut abgehangener (durch Hängen mürbe gewordener) *Hase.*
2. *Sie hängte die Wäsche ab.*
Der Schlafwagen wird in München abgehängt.
anhängen:
1. *Die Gefängnisstrafe hing ihm noch lange an* (hinderte ihn am beruflichen Fortkommen).
Viele Leute haben ihm angehangen (waren seine Anhänger).
2. *Sie hängte sich Ohrringe an.*
Der Wohnwagen wurde angehängt.
aushängen:
1. *Sein Bild hing im Schaufenster aus.*
Die Verordnung hat drei Wochen ausgehangen.
2. *Er hängte die Tür aus.*
Das Kleid hat sich wieder ausgehängt (nicht: *ausgehangen!*; es ist wieder glatt geworden).
überhängen:
1. *Der Felsen hing über, hat übergehangen.*
2. *Er hängte das Gewehr über.*

Nur transitiv sind die drei Verben mit den Vorsilben be-, er-, ver-:

○ **behängen:**
Sie behängte (nicht: *behing*) *sich mit Schmuck.*
erhängen:
Er hat sich erhängt (nicht: *erhangen*).
verhängen:
Sie verhängten (nicht: *verhingen*) *die Spiegel.*

Hier gibt es aber zwei adjektivische starke Partizipien, zu denen heute keine Verben mehr gehören: *behangen* und *verhangen*. Wir müssen
demnach unterscheiden:

○ *Der Himmel ist schwarz verhangen* (es hängen schwarze Wolken davor;
intransitiv).
Die Fenster sind verhängt (jemand hat Decken davor gehängt; transitiv).

○ *Der Baum war über und über mit Kirschen behangen* (er hing voller
Kirschen; intransitiv).
Der Christbaum war reich mit Kugeln und Lametta behängt (man hatte ihn
damit behängt; transitiv).

Allenfalls kann man bei den Fenstern und beim Christbaum noch
verhangen und *behangen* sagen. Denn die Decken und Glaskugeln
hängen ja daran. Aber den Kirschbaum hat niemand mit Kirschen
„behängt", sie sind dort gewachsen. Und auch die Wetterwolken hat
niemand aufgehängt. Darum ist hier nur die starke Form möglich:

○ *Der Baum ist mit Kirschen behangen, er ist gut behangen.*
Der Himmel ist mit Wolken verhangen, er ist schwarz verhangen.

Was hülfe es dir / Was würde es helfen?

Der Konjunktiv macht vielen Beschwer. Man gebraucht ihn zwar
nach guter Gewohnheit, mehr oder weniger richtig, doch die Unsicherheit beginnt, sobald man sich Gedanken darüber macht. Heißt es
stünde oder *stände, begönne* oder *begänne*? soll man *gäbe* oder *gebe*
sagen? Ist *bräuchte* richtiges Deutsch?

Aber dies ist nur die eine Seite der Frage. Schwieriger ist es oft, zu
entscheiden, ob ein bestimmter Konjunktiv stehen muß oder nicht.
Und wie steht es mit dem „würde", das die Sprachpfleger doch immer wieder tadeln? *Was hülfe es dir – was würde es helfen?* Wann darf
ich, wann soll ich den Konjunktiv umschreiben, wann soll ich es
nicht?

Das ist alles ein weites Feld mit mancherlei Gräben und Hecken. Um
wenigstens die wichtigsten Fragen hier zu behandeln, müssen wir einen kleinen Vorstoß in die Satzlehre machen. Wir nehmen als Beispiel den Bedingungssatz, dann werden wir es später bei den anderen
Konjunktivsätzen (S. 176ff.) wohl etwas einfacher haben.

Der Konjunktiv im Bedingungssatz

Der Bedingungssatz oder Konditionalsatz ist ein Nebensatz, der gewöhnlich mit „wenn" oder „falls" eingeleitet wird. Er nennt die Be-

dingung oder Voraussetzung, ohne die das Geschehen im Hauptsatz nicht eintreten kann. Der Bedingungssatz kann im Indikativ oder im Konjunktiv stehen.

○ *Wenn er kommt, gebe* ich ihm den Brief.

Das ist eine einfache Feststellung, an der nicht zu zweifeln ist. Der Sprecher nimmt an, daß der Partner bestimmt kommt. Man kann diese Feststellung auch in Form eines Zeitsatzes (Temporalsatzes) aussprechen, sie steht so oder so im Indikativ:

○ *Sobald er kommt, gebe* ich ihm den Brief.

Wenn ich aber nicht so sicher bin, daß der Partner kommt, wenn ich es nur als Möglichkeit hinstellen will oder kann, dann ist der Konjunktiv fällig:

○ *Wenn er käme, gäbe* ich ihm den Brief.

Das ist nun der Konjunktiv der Vergangenheit, des Präteritums *(er kam – er käme)*. Er hat aber im heutigen Deutsch gar keinen Zeitbezug mehr. Deshalb spricht die Grammatik auch lieber vom „zweiten Konjunktiv". Der „erste Konjunktiv", vom Präsensstamm gebildet, lautet „er komme", aber den können wir hier nicht brauchen, wir sprechen an anderer Stelle von ihm (S. 176).

Der zweite Konjunktiv *er käme* drückt also aus, daß etwas noch nicht wirklich geschieht, daß es nur als Möglichkeit angenommen wird. Die Bedingung ist keine Realität, darum sprechen wir vom i r r e a l e n B e d i n g u n g s s a t z. Ist die Bedingung irreal, dann muß es auch die Folge sein. Wir können also sagen:

● Beim irrealen Bedingungssatz steht im Hauptsatz wie im Nebensatz der zweite Konjunktiv.

Die Möglichkeit kann auch schon vorbei sein. Dann muß der Konjunktiv des Plusquamperfekts gesetzt werden *(er war gekommen – er wäre gekommen; ich hatte gegeben – ich hätte gegeben)*:

○ *Wenn er gekommen wäre, hätte* ich ihm den Brief *gegeben*.

Wir bezeichnen auch diese Formen als zweiten Konjunktiv, weil sie mit den Präteritumstämmen von *sein* und *haben* gebildet werden. Aber hier kommt nun wirklich eine Zeitstufe hinzu, die Vergangenheit. Die Möglichkeit ist bereits vertan, sie ist vorbei.

Lassen wir aber diese Frage beiseite, und bleiben wir bei dem einfachen zweiten Konjunktiv:

○ *Wenn er käme, gäbe* ich ihm den Brief.

Der lautliche Unterschied von *gäbe* und *gebe* ist nicht sehr groß. Oft werden die beiden Formen verwechselt. Um nicht falsch verstanden zu werden, sagen wir es deutlicher:

○ Wenn er käme, *würde* ich ihm den Brief *geben*.

Nun haben wir also – ganz legitim – mit „würde" umschrieben. Und wir haben nebenher noch etwas anderes erreicht, was freilich hier nicht besonders ins Gewicht fällt: Wir haben dem Hauptsatz einen Bezug auf die Zukunft gegeben. Denn *würde* ist ja der zweite Konjunktiv von *werden*, dem Hilfsverb für das Futur (ich *werde* geben – ich *würde* geben). Es gibt Fälle, wo ein solcher Zukunftsbezug sehr erwünscht ist, z. B., wenn man sich überlegt, was man in einer bestimmten Situation tun würde:

○ [Wenn das so wäre: ...] Ich *würde* zu ihm gehen und ihm sagen, ... Ich *würde* ihn daran erinnern, daß ... Ich *würde* ihm raten, ... usw.

Solche Sätze sind unvollständige Konditionalgefüge, bei denen der *wenn*-Satz ausgelassen wurde. Hier kommt es besonders darauf an, daß der zweite Konjunktiv deutlich wird.

Eine andere Möglichkeit der Umschreibung bieten die Modalverben, besonders *können, müssen, dürfen* und *sollen*. Damit wird natürlich der Sinn des Hauptsatzes abgewandelt:

○ *Wenn er käme,*
könnte ich ihm den Brief geben (= hätte ich die Möglichkeit, ihm den Brief zu geben).
müßte ich ihm den Brief geben (= wäre ich gezwungen, ihm den Brief zu geben).
dürfte ich ihm den Brief geben (= wäre es mir erlaubt, ihm den Brief zu geben).
sollte ich ihm den Brief geben (= wäre es gut, ihm den Brief zu geben).

Alle diese Sätze, bis auf den letzten, sind natürlich auch im Indikativ möglich (*Wenn er kommt, kann ich* ... usw.). Sie wurden hier nur aufgezählt, um die stilistischen Möglichkeiten zu zeigen, die in der richtigen Anwendung des Konjunktivs liegen. Wohlgemerkt: Im letzten Satz drückt der Indikativ *soll ich* ... aus, daß ich einen Auftrag auszuführen habe; nur beim Konjunktiv *sollte ich* ... ist es ins eigene Ermessen gestellt, was ich tue.

Er käme, er flöge / Er flöhe, er stähle

Nun aber zu unserer Kernfrage: Auch der Konjunktiv im *wenn*-Satz unseres Beispiels ließe sich natürlich umschreiben:

○ Wenn er *kommen würde* ...

Aber warum sollte man das gerade hier tun? Die Form *käme* ist ja deutlich genug, und sie ist auch ganz geläufig. Es gibt eine große Zahl solch klarer und selbstverständlicher Konjunktivformen von starken Verben, die sich in jeden Satz zwanglos einfügen:

○ Wenn er ein Zimmer *fände*. Wenn sie mit dir *ginge*. Wenn er dich *verließe*. Als ob ihm etwas daran *läge*. *Sähe* er uns so sitzen. Ich wünschte, sie *spräche* mit dir darüber. Er *finge* sofort zu bauen an. Er *schlösse* sich uns gern an. Ich *führe* gern zu ihm. Wenn sie *stürbe*, bevor ... Falls es uns *gelänge*. Wenn sie nur *begriffe*, daß ... Er *behielte* recht, wenn ... Und so fort mit Formen wie *trüge, flöge, bräche, liefe, ritte, würfe, schriebe, träfe, riete, zöge,* mit *enthielte, empfände, übersähe, übertrüge, unterbräche, hergäbe, besäße,* mit denen der „geneigte Leser" nun selbst nach Belieben Sätze bilden mag.

Aber nicht mit „bräuchte"! Diese Form, die man besonders in Süddeutschland oft hört, ist nicht hochsprachlich; denn *brauchen* ist ein schwaches Verb und hat keinen Umlaut. So deutlich *bräuchte* auch sein mag, der richtige Konjunktiv ist nur *brauchte*.

Für einige Verben gibt es Doppelformen, die der Sprachgebrauch unterschiedlich behandelt. So ist z. B. *er begänne* üblicher als die alte Form *er begönne*. Aber *er gewönne* ist ungefähr so üblich wie *er gewänne,* die Form *er stünde* ist neben *er stände* noch sehr häufig, und *er hülfe* sagt man eher als *er hälfe,* weil letztere Form mit dem ersten Konjunktiv *er helfe* lautlich zusammenfällt. Hier allerdings wird auch gern umschrieben: *wenn er helfen würde*.

Das Nebeneinander dieser Formen hat historische Gründe. Im Mittelhochdeutschen hatte das Präteritum zweierlei Ablaut: im Singular *er stant,* im Plural *sie stunden*. Die zweiten Konjunktive haben sich an die Pluralform angeschlossen *(er stünde)* und erst als diese im Neuhochdeutschen auch das *-a-* erhielt, bildete sich die jüngere Konjunktivform mit *-ä-*.

Vor den bisher genannten Konjunktiven – die Liste ist nicht vollständig! – brauchen wir uns also nicht zu scheuen. Wir können sie jederzeit verwenden und brauchen keine Umschreibungen dafür. Daneben gibt es allerdings auch eine Anzahl Formen, die uns heute ungewohnt klingen, die als gekünstelt und veraltet empfunden werden. Besonders sind es Formen mit *-ö-*:

○ er focht – er *föchte*; er flocht – er *flöchte*; ebenso: er *mölke, quölle, söge, schmölze, sprösse, flöhe*.

Aber auch andere Formen, z. B. *er bedänge, er mäße, er stähle,* sind wenig gebräuchlich. Hier also kann nichts gegen eine Umschreibung mit *würde* gesagt werden:

○ Wenn er *fliehen würde*; Wenn der Schnee *schmelzen würde*. Wenn er sich das *ausbedingen würde*. Wenn sie den Ring *stehlen würde*.

Manchmal ist es in solchen Fällen stilistisch besser, den Satz ohne „wenn" zu bilden:

O *Würde er die Entfernung messen, so ... Würde er fliehen,* dann ...

Es gibt aber noch andere Gründe, die eine Umschreibung des Konjunktivs sinnvoll machen. So besonders bei den schwach konjugierten Verben. Der Satz

O Wenn er mich *besuchte, zeigte* ich ihm die Bilder

ist nicht eindeutig. Berichtet er von vergangenen Besuchen, bei denen Bilder gezeigt wurden, oder haben wir auch hier einen irrealen Bedingungssatz vor uns? Der zweite Konjunktiv der schwachen Verben entspricht ja genau dem Indikativ des Präteritums. Hier müssen wir also umschreiben. Es gibt mehrere Möglichkeiten:

O Wenn er mich *besuchen würde, würde* ich ihm die Bilder *zeigen. Würde* er mich *besuchen,* dann *zeigte* ich ihm die Bilder. *Besuchte* er mich, dann *würde/könnte* ich ihm die Bilder *zeigen.*

Oft kann schon ein deutlicher Konjunktiv auch die anderen Formen als Konjunktive deutlich machen. Wir brauchen also nur einmal zu umschreiben: im Hauptsatz oder im Nebensatz. Ein doppeltes „würde" läßt sich fast immer vermeiden. Setzt man das „würde" in den Hauptsatz, dann kann man auch seinen Bezug auf die Zukunft besser nutzen.

Wir können also als Ergebnis unserer Betrachtungen folgendes festhalten:

● Der zweite Konjunktiv sollte vor allem dann umschrieben werden,

● 1. wenn bei nicht eindeutigen Formen Mißverständnisse möglich sind: *Wenn er mich besuchte/besuchen würde.*

● 2. wenn an sich eindeutige starke Konjunktive als gekünstelt oder veraltet empfunden werden: *Wenn er föchte/fechten würde.*

● Zur Umschreibung kann „würde" dienen, das in vielen Fällen auch ein mögliches Geschehen in der Zukunft andeutet. Für die Umschreibung können aber auch die Modalverben *(könnte, dürfte, müßte, sollte, möchte)* verwendet werden, wodurch die Bedeutung des Satzes jeweils etwas verschoben wird.

Wer Weiteres zu diesen Fragen wissen will, der sei hingewiesen auf die kleine Schrift von Siegfried Jäger „Empfehlungen zum Gebrauch des Konjunktivs". Sie ist als Band 10 der Schriften des Instituts für deutsche Sprache, Mannheim, erschienen (Düsseldorf 1970, besonders S. 40–42).

Wir sind / Wir haben geschwommen

Man sollte denken, daß bei „sein" und „haben" alles in guter Ordnung ist. Alle transitiven Zeitwörter, also alle Zeitwörter mit einem Akkusativobjekt, bilden ihr Perfekt mit „haben":

○ Ich *habe* meinen Freund *besucht*. Ich *habe* einen Brief *geschrieben*. Wir *haben* Wein *getrunken*.

Auch alle Verben, die mit einem reflexiven (rückbezüglichen) *sich, mich, dich* usw. verbunden werden, bilden das Perfekt mit „haben". Das ist verständlich, denn oft steht hier nur die eigene Person an Stelle einer anderen:

○ Ich habe *das Kind* gewaschen – Ich habe *mich* gewaschen. Ich habe *meinen Gegner* verletzt – Ich habe *mich* verletzt.

Wie diese „unechten" reflexiven Verben werden auch die „echten" behandelt, also diejenigen, die sich nur auf das Subjekt des Satzes zurückbeziehen können:

○ Er *hat sich geschämt*. Du *hast dich verirrt*. Wir *haben uns gefürchtet, gefreut, gewundert*. Diese Maschine *hat sich bewährt*.

Soweit ist alles einfach. Wie steht es aber mit den Verben, die kein Akkusativobjekt bei sich haben, mit den intransitiven Verben? Hier müssen wir genau unterscheiden.

Es gibt Zeitwörter, die ein Geschehen, ein Tun an sich ausdrücken, so wie es abläuft oder andauert. Bei ihnen steht ebenfalls nur „haben":

○ Ich *habe geschlafen*. Wir *haben gefroren*. Die Rose *hat geblüht*. Es *hat geschneit, geregnet*. Sie *haben* gern *getanzt*. Wir *haben* damals viel *geschwommen*.

Andere Verben aber drücken eine Veränderung aus, den Beginn oder den Abschluß eines Vorgangs, das Erreichen eines Zustandes oder eine Ortsveränderung. Sie bilden alle das Perfekt mit „sein":

○ Die Rose *ist aufgeblüht*, sie *ist verblüht*. Der Brief *ist* gestern *angekommen*. Sie *ist* schnell *eingeschlafen*. Wir *sind* ins Theater *gegangen*. Ich *bin* über den Rhein *geschwommen*. Wir *sind* quer durch den Saal *getanzt*.

In manchen Fällen kann auch beides möglich sein. Dafür ein Beispiel: Wenn die Wäsche auf der Leine hängt und trocknet, so ist das ein Vorgang, der seine Zeit dauert, der aber schließlich doch zu dem erwünschten Zustand führt. Sehe ich auf den Vorgang und seine Dauer, so kann ich sagen:

○ Die Wäsche *hat* schnell, nur langsam, gut, schlecht *getrocknet*.

Sehe ich aber auf den erreichten Endzustand, dann stelle ich fest:

○ Die Wäsche *ist* schnell, gut *getrocknet*. Sie *ist* erst halb *getrocknet*.

In ähnlicher Weise kann ich beim Gären des Weins den Vorgang als
solchen bezeichnen oder den erreichten Endzustand:

○ Der Wein *hat* lange genug *gegoren* – Der Wein *ist gegoren*.

Der Vorgang selbst ist jedesmal der gleiche, ob wir nun „haben" oder
„sein" sagen. Nur die Art, wie er gesehen wird, ist verschieden.

Solche Unterschiede in der Sehweise drückt die Sprache auch bei
den Verben der Bewegung aus. Zwei Beispiele *(tanzen* und *schwim-*
men) wurden bereits genannt. Bewegung ist Ortsveränderung, und
darum ist hier das Perfekt mit „sein" das natürliche. Bewegung ist
aber auch Aktion, ist Tätigkeit, und das wirkt sich besonders bei allen Bezeichnungen sportlicher Übungen aus. Dann kommt „haben"
ins Spiel. Man vergleiche:

○ Ich *bin gegangen, gelaufen, gerannt, gesprungen*. Sie *sind* auf die Felsen
geklettert, auf die Berge *gestiegen*. Er *ist* früher viel *gereist*. Sie *ist* weit *ge-*
wandert. Mein Vater *ist* nach Frankfurt *gefahren*, nach Berlin *geflogen*.

○ Ich *habe* jeden Morgen eine Stunde *geschwommen*. Wir *haben* viel *gese-*
gelt, gerudert. Er *hat* mehrmals *getaucht*. Die Kinder *haben* tüchtig *gero-*
delt.

Die zuletzt genannten Sätze können alle auch mit „sein" gebildet
werden (*Wir sind geschwommen, gesegelt, gerudert* usw.). Sie m ü s s e n
es, wenn sie eine Raumangabe enthalten (*wir sind über den See geru-*
dert; die Kinder sind ins Tal gerodelt usw.). Bei den Sätzen des ersten
Absatzes aber ist nur „sein" möglich. Insbesondere *gehen, laufen,*
steigen, klettern bezeichnen ja Grundformen der menschlichen Vor-
wärtsbewegung, auch außerhalb des Sports.

Anders ist es nun, wenn bestimmte Leistungen (Strecken, Zeiten, Re-
korde) angegeben werden, die bei sportlicher Bewegung erzielt wurden. Auch hierbei überwiegt zwar „sein", aber „haben" kommt doch
daneben vor:

○ Er *ist/hat* die 100 Meter in 10,0 Sekunden *gelaufen*. Er *ist/hat* 5,20 m *ge-*
sprungen. Er *ist/hat* die Runde in 5:42 Minuten *gefahren*. Der Pilot *ist/hat*
10 000 Stunden *geflogen*.

Nur mit „haben":

○ Er *hat* die beste Zeit, einen neuen Rekord *gelaufen, geschwommen*.

Wie vielfältig die Vorstellungen und damit auch die formalen Unterschiede sind, die bei einem solchen Verb auftreten können, sei zum
Schluß am Beispiel von „fahren" gezeigt. Wir beschränken uns dabei
auf Sätze, in denen der Mensch Subjekt ist, lassen also andere wie

der Zug, das Schiff fährt, ist gefahren, der Bus fährt nach Heidelberg, dieser Wagen hat sich gut gefahren u. ä. beiseite.

Wenn der Mensch „fährt", kann dies folgendes bezeichnen:

○ 1. a) Er bewegt sich mit einem Fahrzeug fort (Perfekt mit „sein"): *Er ist schnell, gut, umsichtig gefahren, immer geradeaus gefahren. Ich bin heute gefahren* (= ich habe am Steuer gesessen; vgl. 2). *Wir sind zwei Stunden bis Frankfurt gefahren. Er ist seit zwanzig Jahren unfallfrei gefahren. Die Kinder sind mit dem Kettenkarussell, auf dem Riesenrad gefahren. Wir sind gern Auto gefahren, Schlitten, Ski gefahren.*

b) Er reist irgendwohin (Perfekt mit „sein"): *Wir sind nach Paris, in die Schweiz gefahren, in die Ferien gefahren. Er ist zu seinen Eltern gefahren.*

2. Er lenkt ein Fahrzeug (Perfekt mit „haben"): *Er hat einen Mercedes, einen VW gefahren, einen Traktor gefahren. Er hat den Wagen in die Garage gefahren. Wer hat gefahren?* (= wer hat den Wagen gelenkt? Frage des Polizisten nach dem Unfall; vgl. 1. a). (Übertragen:) *Er hat die Rotationsmaschine gefahren* (bedient, in Betrieb gehalten).

3. a) Er legt eine Strecke zurück (Perfekt mit „sein" oder „haben"): *Ich bin diese Straße schon oft gefahren. Er ist die Kurve mit 80 gefahren. Er ist einen Umweg gefahren. Der Sieger ist/hat eine Ehrenrunde gefahren. Er ist/hat die Runde in 5:42 Minuten gefahren.*

b) Er führt etwas im Fahren aus, bringt etwas fahrend zustande (Perfekt mit „haben"): *Er hat viele Rennen gefahren. Die Schnellboote haben einen Angriff gefahren.*

4. Er bringt etwas durch Fahren in einen Zustand (Perfekt mit „haben", transitiv!): *Er hat den Wagen schrottreif, (ugs.:) in Klump gefahren.*

5. Er befördert jemanden oder etwas (Perfekt mit „haben", transitiv!): *Er hat Sand, Steine, Möbel gefahren. Er hat Gunda in die Schule gefahren.*

○ Fahren kann aber auch noch etwas ganz anderes bedeuten, nämlich „sich schnell bewegen, eine schnelle Bewegung machen". Hier ist es ganz Bewegungsverb und bildet das Perfekt nur mit „sein": *Er ist plötzlich in die Höhe gefahren. Er ist aus dem Bett, in die Kleider gefahren. Der Schreck ist ihm in die Glieder gefahren. Ein Blitz ist in die Eiche gefahren. Sie ist ihm mit der Hand durchs Haar gefahren.*

Vom Stehen, Sitzen, Liegen

In diesem Abschnitt haben wir noch einmal vom Perfekt zu reden. Es ist süddeutsche Eigenart, die aber ebenso in Österreich und der Schweiz gilt, daß, wer da lag, stand oder saß, nicht gelegen, gesessen oder gestanden h a t, sondern i s t:

○ Ich *bin* vor der verschlossenen Tür gestanden. Er *ist* aufrecht im Bett gesessen. Das Buch *ist* auf dem Tisch gelegen.

Wer im nord- oder mitteldeutschen Gebiet zu Hause ist, dem kommt das fremd vor, und er fragt sich, ob solch ein Sprachgebrauch denn richtig sei. Und der Süddeutsche, der solche Sätze im Schriftverkehr mit Norddeutschen gebraucht, verrät dadurch zumindest seine Herkunft, auch wenn er sonst ein „reines Hochdeutsch" schreibt.

Zweifellos entspricht das Perfekt mit „sein" bei diesen drei Verben nicht der für die deutsche Hochsprache geltenden Norm. Denn diese kennt bei *stehen, sitzen, liegen* nur das Hilfszeitwort „haben", wie es nicht nur in Norddeutschland, sondern auch in den west- und mitteldeutschen Landschaften allgemein gebräuchlich ist.

Man ist versucht, nach dem Grund für diesen Unterschied zu fragen, und man kann ihn auch in der Sprachgeschichte finden. Offensichtlich drücken doch Süden und Norden dasselbe aus, ob sie nun *ich habe gestanden* oder *ich bin gestanden* sagen.

Im Mittelhochdeutschen konnten viele Verben ihr Perfekt sowohl mit „haben" wie mit „sein" bilden. So vor allem die Verben der Bewegung, von denen im vorigen Abschnitt gesprochen wurde, aber auch die drei Verben *stehen, sitzen, liegen,* um die es uns jetzt geht. *Ich hän gestanden* bedeutete „ich habe gestanden", damit wurde das Stehen als andauernder Zustand ausgedrückt. Aber *ich bin gestanden* hatte den Sinn „ich bin hingetreten, habe mich hingestellt, ich stehe". Damit wurde also der Beginn des Stehens an einem Ort ausgedrückt. Entsprechendes galt für *ich bin gesezzen* „ich habe mich gesetzt, ich sitze" und *ich bin gelegen* „ich habe mich gelegt, bin gefallen, ich liege".

Während der Entwicklung der neuhochdeutschen Hochsprache wurde dieser Unterschied allmählich aufgegeben. Seit dem Ende des 18. Jahrhunderts gebraucht man *stehen, sitzen, liegen* nur noch für den Zustand und sein Andauern, nicht mehr für seinen Beginn, denn dafür hat man ja noch die Verben [sich] *stellen, setzen, legen.* Längst aber hatte sich ein geographischer Unterschied herausgebildet: Das Oberdeutsche hatte *ich bin gestanden, gesessen, gelegen* zur Hauptform des Perfekts gemacht, das Mitteldeutsche hatte sich für *haben* entschieden (das auch im Niederdeutschen seit alters galt), und diese Form wurde für die deutsche Hochsprache maßgebend.

Begünstigt wurde die oberdeutsche Entwicklung, die schon in mittelhochdeutscher Zeit eingesetzt hatte, noch dadurch, daß die Verwendung der drei Verben im Sinne von „sich setzen, stellen, legen" im Süden besonders häufig war. Noch jetzt kann man in oberdeutscher Mundart und Umgangssprache Sätze hören wie *Er ist zu uns an den Tisch gesessen* oder *Er ist unter den Baum gestanden.* Zur Hochsprache gehören diese Satzformen allerdings auch im Süden nicht.

Was hilft uns nun dieser kleine Rückblick in die Sprachgeschichte zum Verständnis des heutigen Deutsch? Wir sehen immerhin, daß der deutsche Süden ein Muster verallgemeinert hat, das ursprünglich nur begrenzte Bedeutung hatte. Wir sehen aber auch, daß dieses Gebiet sehr ausgedehnt ist. Es umfaßt mit Ausnahme Südhessens und der Pfalz das ganze deutsche Sprachgebiet südlich des Mains. Und warum sollte man einen Zustand nicht mit „sein" bezeichnen? Drückt nicht *ich bin gesessen* für das Sprachgefühl ebenso einen Zustand aus wie *ich bin entschlossen* gegenüber *ich habe mich entschlossen* oder *er ist erkältet* gegenüber *er hat sich erkältet?*

Wir sollten also diese *sein*-Formen als oberdeutsche Ausprägungen innerhalb der deutschen Hochsprache werten und sie nicht auf eine Stufe mit Formen landschaftlicher Umgangssprache stellen. Wer sie gebraucht, sollte sich nur bewußt bleiben, daß sie nicht überall im deutschen Sprachgebiet gelten, und der Deutsch lernende Ausländer sollte auf jeden Fall nur die Formen mit „haben" übernehmen und anwenden.

Eine kleine Fußnote wollen wir aber noch hinzusetzen: Das Verb *anfangen* gehört nicht in diesen Zusammenhang. Wer etwa sagt: *Ich bin gestern bei meiner neuen Firma angefangen,* der ist bestimmt in Norddeutschland zu Hause, und korrektes Deutsch spricht er auch nicht. Denn *anfangen,* das ja auch transitiv gebraucht wird *(Ich habe eine neue Arbeit angefangen)* kann nur mit „haben" verbunden werden.

Die Leiden derer, deren wir gedenken

Das Wörtchen *der, die, das* wird in unserer Sprache auf dreierlei Weise gebraucht. Als Artikel vor Substantiven macht es wohl keine besonderen Schwierigkeiten. Daß es aber als Pronomen ebensogut demonstrativ (hinweisend) wie relativ (bezüglich) eingesetzt werden kann, läßt manchen unsicher werden. Es geht dabei um den Genitiv, genauer gesagt um den Genitiv Plural und um den weiblichen Genitiv Singular. Beim Demonstrativpronomen lautet er im Plural für alle drei Geschlechter *derer* oder *deren,* im Singular Feminin *deren* (ganz selten: *derer*). Für das Relativpronomen aber kennt die Regel im Plural und Singular nur die eine Form *deren.*

Die demonstrative Doppelform *deren/derer* ist's, die Verwirrung stiftet. Es heißt, immer nach der Regel:

> ○ Sie begrüßte ihre Freunde und *deren* Kinder. Er hatte große Reisen gemacht und rühmte sich *deren* gern. Aber: Wir gedachten *derer,* die vor uns hier gestanden hatten. Die Meinungen *derer,* die befragt wurden, gingen auseinander. Das Wappen *derer* von Sickingen zeigt fünf Kugeln.

Was ist der Unterschied? In den ersten beiden Beispielen weist das Pronomen zurück auf etwas vorher Genanntes (die Freunde und die Reisen), in den drei andern weist es voraus (auf die, die vorher hier standen oder die befragt wurden, auf den adligen Familiennamen).

Die Vorausweisung des Demonstrativs verlangt also die Genitivendung *-er,* die Zurückweisung dagegen die Endung *-en.* Das Relativpronomen aber, das sich gewöhnlich auf etwas vorher Gesagtes zurückbezieht, hat nur die Endung *-en:*

> ○ Sie schrieb an alle Eltern, *deren* Kinder ihr geholfen hatten. Die Abenteuer, *deren* er sich rühmt, hat er alle erfunden. Wer zählt die Toten, *deren* wir heute gedenken!

Aus der Sprachgeschichte wissen wir, daß sich das Relativpronomen aus dem zurückweisenden Demonstrativpronomen entwickelt hat, etwa nach dem Muster: „Das ist der Mann. *Der* hat das Pferd gestohlen. – Das ist der Mann, *der* das Pferd gestohlen hat." So erklärt sich zwanglos auch die Genitivform *deren* für das Relativ: „Das ist die Frau, *deren* Sohn das Pferd gestohlen hat." Soweit scheint also alles klar. Die Regel ist eindeutig und – so sollte man meinen – mit Hilfe der Vorausweisung und Zurückweisung leicht zu handhaben. Anderseits aber können die beiden einander so ähnlichen Formen leicht verwechselt werden. Wer denkt schon beim Reden und Schreiben über voraus- und zurückweisende Pronomina nach?

Sehen wir uns einige Beispiele aus der Dudenkartei an. Der Regel gemäß steht relatives *deren* in Sätzen wie den folgenden:

> ○ [Es gab] zahlreiche Rhinozerosse, *deren* ich eines erlegte (B. Grzimek, Serengeti darf nicht sterben, Frankfurt a. M. 1959, S. 54).

> ○ ...Steuerkraft..., auf Grund *deren* die Kredite verzinst...werden sollen (E. Fraenkel/K. D. Bracher, Staat und Politik [Das Fischer Lexikon II, 1957], S. 378).

> ○ von...graphischen Zeichen, mittels *deren* sich die Teilhaber an der jeweiligen Sprache verständigen (H. Eggers, in: Deutsche Sprache der Gegenwart, hrsg. von K. Hotz, Stuttgart 1977, S. 16).

> ○ ...die Schranken, innerhalb *deren* sich Staat und Gemeinden frei bewegen können (Fraenkel/Bracher, a.a.O. S. 285).

> ○ ... in der intimen Anrede, *deren* er sich selten bedient ... (R. Hochhuth, Der Stellvertreter, Reinbek 1963, S. 176).

> ○ ...werde die Einsamkeit, *deren* er doch bedürfe, unerträglich (K. Mann, Der Wendepunkt, Fischer Bücherei 560/61, 1963, S. 242).

Aber entgegen der Regel finden wir relatives *derer* in folgenden Beispielen:

O ...sie kamen alle aus...bäuerlichen Familienbetrieben, *derer* es im Saarland rund 8 000 gibt (Saarbrücker Zeitung 10. 7. 1980, S. 18).

O Es wurden keine...Versuche unternommen, eine linguistisch orientierte Theorie der Standardsprache zu liefern..., aufgrund *derer* die Relationen zur Literatursprache deutlicher wurden (H. Henne, Semantik und Lexikographie, Berlin 1972, S. 41).

O Die Post möge die Rufnummer 777 einrichten, mittels *derer* man die Post ermächtigen könne, ...(Hörzu 23/1979, S. 140).

O Die Straße, oberhalb *derer* er wohnte... (U. Johnsohn, Zwei Ansichten, Frankfurt a. M. 1965, S. 157).

O ...daß ihm bewußt ist, woher die Wendungen stammen, *derer* er sich bedient (H. Müller-Schotte, in: Muttersprache 75, 1965, S. 240).

O Damit ist auch die ungewöhnliche Autorität zu erklären, *derer* sich die katholischen Bischöfe in Polen erfreuen (Spiegel 43/1978, S. 26).

Das sind – mit zwei Ausnahmen am Anfang der beiden Reihen – alles Beispiele für den alleinstehenden Gebrauch des Relativs. Den attributiven Gebrauch (als Genitivattribut: Eltern, *deren Kinder*... ; die Frau, mit *deren Sohn*...) können wir als unproblematisch beiseite lassen. Hier wird *deren* höchstens in Verbindung mit Zahlenangaben durch die Form mit -*er* ersetzt (...Familienbetriebe, *derer* es... *8 000* gibt).

Alleinstehend folgt das Pronomen entweder einer Präposition, die den Genitiv regiert (z.B. *innerhalb deren*), oder es ist Genitivobjekt vor einem Verb (z.B. *deren er bedarf*). Und hier wird die Regel häufig nicht beachtet; man schreibt „innerhalb derer" und „derer er bedarf".

Unsere Beispiele sind lauter Sätze von Leuten, die mit der Sprache zu tun haben: Journalisten, Schriftsteller und sogar Sprachwissenschaftler. Wollen sie eine neue Regel aufstellen? Oder folgen sie einfach ihrem Sprachgefühl und meinen, daß für das alleinstehende, betonte Pronomen die „starke" Form auf -*er* angemessener sei? Die Frage sollte einmal gründlich untersucht werden, auch an älterem Material[1]. Immerhin durchkreuzt dieser Sprachgebrauch die alte Unterscheidung nach voraus- und zurückweisendem Genitiv, die beim Demonstrativ noch voll in Geltung ist, und die Form *derer* erhält so zwei verschiedene Funktionen, die schwer auseinanderzuhalten sind.

---

[1] Einen guten Anfang hat Hans Eggers gemacht in seinem Aufsatz „Derer oder deren? Zur Normenproblematik im Deutschen", erschienen in der schwedischen Sprachzeitschrift Moderna Språk, Jahrgang 74, 1980, Seite 133–138.

Vielleicht ist das ein Übergang zu neuem Sprachgebrauch; aber er bleibt doch sehr ungewiß. Halten wir also die überkommene Regel fest:

● *Derer* ist die Form des v o r a u s w e i s e n d e n Demonstrativs im Genitiv Plural und im weiblichen Genitiv Singular.

● *Deren* ist die Form des z u r ü c k w e i s e n d e n Demonstrativs im Genitiv Plural und im weiblichen Genitiv Singular; *deren* ist aber auch die Form des Relativs in diesen Fällen.

Wer mag, kann sich dies an der Überschrift unseres Kapitels leicht merken:

○ Die Leiden *derer, deren* wir gedenken

Da hat er das vorausweisende Demonstrativ und das Relativ beisammen!

Nun müssen wir aber noch zwei Bemerkungen anfügen. Die erste ist eine Warnung. Das vorausweisende *derer* wird überwiegend im Plural gebraucht und kann deshalb mißverständlich sein, wenn es singularisch gemeint ist:

○ Er erinnerte sich *derer* nicht mehr, die ihn angesprochen hatte. Das Schicksal *derer,* die diesen Namen trug, ist unbekannt.

Man sollte hier, zumindest beim Sprechen, lieber „der Frau", „des Mädchens" u. ä. sagen.

Die andere Bemerkung wird manchem Leser überflüssig erscheinen, aber der Fehler begegnet doch immer wieder: *derem* und *dessem* mit -*m*! Diese Wortgebilde sind schlicht falsch. Man kann ja nicht den Genitiv *deren* und seine männlich/sächliche Entsprechung *dessen* einfach weiterdeklinieren, auch wenn sie hinter einer Präposition stehen, die den Dativ verlangt:

○ Ich sprach mit Karl und *dessen* (nicht: dessem) Freund. Sie sprach mit Margot und *deren* (nicht: derem) Mann.

Dessen und *deren* sind hier Genitivattribute zu „Freund" bzw. „Mann" und hängen nicht von dem vorangehenden „mit" ab. Ebenso:

○ Mein Bruder, mit *dessen* (nicht: dessem) Einverständnis ich dies schreibe ... Die Künstlerin, von *deren* (nicht: derem) tiefempfundenem Spiel alle begeistert waren ...

Es gibt eben Leute, die unsere Grammatik unbedingt um ein neues Pronomen erweitern wollen.

Wortbildung und Wortgebrauch

Geburtstag – Amtmann – Werk[s]feuerwehr

Das Fugen-s, auch Binde-s genannt, ist schon immer ein beliebtes Thema der deutschen Sprachpfleger und Sprachkünstler gewesen. Da es historisch aus dem Genitiv-s der starken männlichen und sächlichen Substantive hervorgegangen ist *(Königsthron* aus: *des Königs Thron, Schafsgeduld* aus: *Geduld eines Schafes),* wollen es viele bei Zusammensetzungen mit weiblichen Bestimmungswörtern nicht gelten lassen. So wird der *Geburtstag* bei Jean Paul zum *Geburttag* und die *Versicherungssteuer* in der Sprache der Finanzämter zur *Versicherungsteuer.* Denn *Geburt* und *Versicherung* haben ja als Einzelwörter kein -s im Genitiv.

Was ist denn dieses merkwürdige, vielgescholtene -s-? Sehen wir uns einmal einige ganz geläufige Wörter an, die diesen Laut enthalten:

○ *Eigentumsdelikt, Heringssalat, Frühlingswetter, Schönheitskönigin, Schulungsbrief, Mordskerl, sensationslüstern, hilfsbereit, Reitersmann, ordnungsliebend.*

Wo ist hier ein Genitivverhältnis? Wir haben ein *Delikt am Eigentum,* einen *Salat aus Heringen,* das *Wetter im Frühling,* einen *Brief zur Schulung* vor uns, und so geht es weiter. Nur die *Schönheitskönigin* soll ja wohl eine *Königin der Schönheit* sein, und der alte Jean Paul, hätte es dergleichen zu seiner Zeit schon gegeben, hätte ihr sicher das -s- vorenthalten. Aber die andern Wörter unserer kleinen Liste zeigen uns doch deutlich, daß dieses -s- nichts weiter ist als ein Fugenzeichen. Es kennzeichnet die Verbindungsstelle (die Fuge) zwischen den beiden Bestandteilen der Zusammensetzung (dem „Bestimmungs-" und dem „Grundwort") und zeigt damit an, daß zwischen diesen beiden Teilen eine Beziehung besteht. Über die Art der Beziehung sagt es aber nichts.

Eins müssen wir dabei grundsätzlich festhalten, weil es die Besonderheit der Wortzusammensetzung ausmacht:

● In der Zusammensetzung ist das syntaktische Verhältnis der beiden Glieder des Wortes ausgelöscht. An seine Stelle ist eine enge innere Verbindung getreten, die fast immer zu einem neuen Begriff führt. Eine Zusammensetzung ist mehr als die Addition ihrer Teilwörter.

Gewiß gibt es auch Zusammensetzungen, denen ein Genitivverhältnis zugrunde liegt:

○ *Bundeskanzler* (= *des Bundes Kanzler*), *Bischofsstab* (= *des Bischofs Stab*); ähnlich: *Landesregierung, Todesanzeige, Ratsbeschluß, Vereinskasse* oder, mit anderen Fugenzeichen (-en-, -er-): *Hirtenhund, Botenlohn, Hühnerhof, Männerbund.*

Aber auch bei diesen Wörtern ist uns der Genitiv des Bestimmungswortes nicht mehr ohne weiteres bewußt. Wir empfinden sie als einheitliche Begriffe und wenden sie wie einfache Wörter an. Mit den entsprechenden Fügungen, etwa „der Kanzler des Bundes", „die Anzeige des Todes", „der Hund des Hirten", wäre das nicht möglich.

Erst recht gilt die oben angeführte Regel für die große Zahl sogenannter unmittelbarer Zusammmensetzungen, bei denen keinerlei Fugenzeichen auftritt:

○ *Amtmann, Notwehr, Mühlstein, Bobrennen, Autorad, Säuregehalt, Endrunde, hilfreich, taufrisch, postlagernd.*

Diesen Wörtern liegen die verschiedensten syntaktischen Verhältnisse zugrunde (*Mann mit bestimmtem Amt, Abwehr in der Not, Stein in der Mühle, Rennen mit Bobschlitten* usw.). Aber um sie zu verstehen, brauchen wir darüber gar nicht nachzudenken.

Die Zusammensetzung ist also eine begriffliche Einheit, ganz gleich, ob sie mit oder ohne Fugenzeichen gebildet ist. Daß es überhaupt Fugenzeichen gibt, hat zwar sprachgeschichtliche Gründe, aber der größte Teil unserer heutigen Zusammensetzungen ist in Analogie zu bereits bestehenden Mustern gebildet worden. Dabei haben sich für viele Wörter bestimmte Formen ergeben, in denen sie immer wieder in Zusammensetzungen eingehen.

Fest ist das Fugen-s z. B. bei den Bestimmungswörtern auf *-tum, -ing, -ling, -heit, -keit, -schaft, -ung,* von denen wir einige oben genannt haben. Fest ist es auch bei substantivierten Infinitiven (*Schlafenszeit, Lebensmittel, Unternehmensgruppe, liebenswert*) und – mit einigen Ausnahmen – bei den Bestimmungswörtern *Liebe, Hilfe, Geschichte* (*Liebesgabe, Hilfslinie, Geschichtslehrer*).

Kein Fugen-s haben einsilbige weibliche Bestimmungswörter und zweisilbige auf -*e*: (*Nachtwächter, Jagdhund, Modetanz*), ferner die meisten Wörter auf -*er* und -*el* (*Bäckerladen, Marterpfahl, Pendeluhr, spindeldürr*; aber: *Reitersmann, Engelsgeduld, Teufelsfratze*), die Fremdwörter auf -*ur* und -*ik* (*Kulturgeschichte, Musikbuch, kritiklustig*) und alle Bestimmungswörter, die mit Zischlauten enden (*Fleischgericht, Blitzstrahl, Platzkarte, Preisliste, Flußbett*).

Bei vielen Bestimmungswörtern aber stehen Formen mit und ohne Fugen-s nebeneinander, manchmal sogar in derselben Zusammensetzung. Das ist z. B. dann der Fall, wenn das Bestimmungswort ebenso als Substantiv wie als Stamm eines Verbs aufgefaßt werden kann:

○ *Umlaufbahn, Umlaufgeschwindigkeit* (zu: *umlaufen*), aber auch: *Umlaufsgeschwindigkeit* (zu: *der Umlauf*); *Auftragwalze* (zu: *Farbe auftragen*), aber: *Auftragsbestand* (zu: *Auftrag* = Bestellung), *Durchschlagpapier* (zu: *durchschlagen*), aber: *Durchschlagskraft* (zu: *der Durchschlag*).

Wer Zweifel hat, ob eine Zusammensetzung mit oder ohne Fugen-s üblich ist, oder wer neue Zusammensetzungen bilden und anwenden will, der sollte im Duden nachsehen, ob es schon einschlägige Muster gibt, nach denen er sich richten kann. Solange für ein Bestimmungswort die Form mit -s- noch nicht üblich geworden ist, sollte man die unmittelbare Zusammensetzung bevorzugen.

Das gilt auch für die folgende Gruppe, an der wir nun sozusagen das Fazit dieses Abschnitts ziehen können, für die Zusammensetzungen mit „Werk".

Das schon im Althochdeutschen bezeugte Substantiv *Werk* bedeutet eigentlich „Arbeit", dann auch „durch Arbeit Geschaffenes" und speziell „sinnreich erdachte Maschine" (vgl. *Uhrwerk, Rührwerk, Triebwerk, Räderwerk*). Von dieser letzten Bedeutung her hat es in der Neuzeit die Bedeutung „Arbeitsstätte, Fabrik" entwickelt. Daneben gibt es schon seit althochdeutscher Zeit das abgeleitete Verb *werken* „arbeiten, schaffen".

In den Zusammensetzungen steht *Werk-* gewöhnlich ohne Fugen-s, so besonders, wenn der Verbalstamm von *werken* im Spiel ist:

○ *Werkarbeit, Werkbank, Werkbund, Werkleute, Werkstatt, -stätte, Werkstoff, Werkstück, Werkstudent, Werktag, Werkzeug.*

In diesen Wörtern kann natürlich auch das Substantiv *Werk* im Sinn von „Arbeit" enthalten sein, das außerdem den folgenden Bildungen zugrunde liegt:

○ *Werkmeister* (eigentlich: „Leiter der Arbeit im Betrieb"), *Werkvertrag, werktätig, der Werktätige.*

Anders ist es nun, wenn *Werk-* die Zugehörigkeit zu einem Industriebetrieb, einer Fabrik ausdrücken soll. Hier wird um der Deutlichkeit willen oft das -s- eingefügt und damit ein Genitivverhältnis ausgedrückt (*Werksarzt* = der Arzt des Werkes, *Werksangehörige* = die Angehörigen des Werkes, ebenso: *Werksfeuerwehr, Werksverkehr* = betriebseigener Verkehr, *Werksküche, -kantine*). Alle diese Wörter können aber ebensogut ohne das -s- gebraucht werden. Wir führen

sie hier auf, wie sie im Duden stehen, der das -s- nur in einer Fußnote
zusätzlich angibt:

○ *Werkangehörige, Werkanlage, Werkarzt, Werkbücherei, Werkfahrer,
Werkhalle, Werkkindergarten, Werkküche, Werkleiter, Werkleitung, Werk-
spionage, Werkwohnung, Werkzeitschrift.*

Bei einigen dieser Ausdrücke sind zwei Bedeutungen möglich: Die
Werkhalle kann eine Halle für das Werken sein wie der *Werkraum* in
der Schule, und der *Werkleiter* kann Leiter eines Arbeitsprojekts sein.
Hier würde das Fugen-s für Klarheit sorgen. Sonst aber bleibt es bei
der schon gegebenen Empfehlung: Wo das -s- nicht fest geworden
ist, lassen wir es besser weg!

Der Ärztekongreß und das Hühnerei

Daß ein Ei Probleme aufwerfen kann, wissen wir schon seit Kolum-
bus' Zeiten. Und auch damals kamen nicht die klügsten Leute zum
Ziel, sondern der Mann mit dem richtigen Einfall.

Warum heißt es *Hühnerei,* wenn es doch nur von e i n e m Huhn gelegt
wird? Und mit dem *Taubenei,* dem *Entenei,* dem *Gänseei* scheint es
nicht anders zu sein! Ja, mehr noch: auch der *Lämmerschwanz* bewegt sich jeweils an e i n e m Lamm, und in der *Hundehütte* liegt gewöhnlich nur ein einziger Hund.

Warum also stehen hier überall Pluralformen? – Man kann die Frage
auch von der anderen Seite angehen: Ein *Kinderarzt* behandelt Kinder, ein *Frauenarzt* Frauen. Der *Augenarzt* ist für die Augen da, und
der *Hals-Nasen-Ohren-Arzt* für den Hals, die Nasen (?) und die Ohren (der Mensch hat doch nur e i n e Nase!).

Die Verwirrung scheint komplett. Und wie ist es mit dem *Sonnen-
strahl,* da wir Menschen doch nur e i n e Sonne haben, die uns wärmt?

Denkt aber unser angenommener Ärztekongreß nun einmal an sich
selbst, dann kann er befriedigt feststellen, daß er sich ganz sachge-
mäß mit der Mehrzahl benannt hat: Ein *Kongreß von Ärzten* ist eben
ein *Ärztekongreß.* Da kommt die Fuldaer *Bischofskonferenz* nicht mit,
die doch aus vielen Bischöfen besteht und trotzdem nicht „Bischöfe-
konferenz" heißt.

Ob das alles Zufall ist? Hier scheint doch ein Prinzip gegen das ande-
re zu stehen! Aber mal langsam! Man darf Fragen der Wortbildung
nicht nur von der Gegenwartsprache her untersuchen. Wer in die
Sprachgeschichte zurückblickt, der erkennt, daß die vermeintlichen
Pluralendungen der Bestimmungswörter ursprünglich ganz andere
Funktionen hatten. Die Endung -er ist eigentlich ein Stammauslaut

bestimmter Substantive, der freilich schon im Althochdeutschen auf den Plural beschränkt wurde. Und in dem -e- von *Hundehütte, Gänsei, Tagelohn* sind verschiedene alte Vokale zusammengefallen, die in der Frühzeit unserer Sprache Kennzeichen für bestimmte Deklinationsklassen waren. Das -en- schließlich entspricht der Endung des Genitivs Singular der schwachen männlichen Substantive *(des Boten)*, aber auch der früher schwach gebeugten weiblichen Wörter *(die Frau – der Frauen, die Sonne – der Sonnen)*. Reste dieser alten Beugung finden wir z. B. noch in einem Wort wie *Liebfrauenkirche,* das sich auf die Gottesmutter Maria bezieht, oder in dem alten Sprichwort „Es ist nichts so fein gesponnen, es kommt doch ans Licht der *Sonnen*".

Für die Wortzusammensetzung spielt aber diese Herkunft der Fugensilben und Fugenlaute aus der Deklination gar keine Rolle. Entscheidend ist zweierlei: Einerseits werden neue Zusammensetzungen fast immer nach dem Muster älterer Zusammensetzungen gebildet, zum andern sind die Formen der Verbindung zwischen Bestimmungswort und Grundwort – abgesehen von der Schwächung der unbetonten Vokale zu -e- – seit alter Zeit die gleichen geblieben. Dafür nur ein paar Beispiele:

○ althochdeutsch (ahd.) *tagawerch* – neuhochdeutsch (nhd.) *Tagewerk*; ahd. *huonirdarm* – nhd. *Hühnerdarm* (Pflanzenname); ahd. *sunnunlioht* – nhd. *Sonnenlicht.*

Die meisten heute gebräuchlichen Zusammensetzungen sind allerdings jünger als diese Beispiele. Viele sind erst in der Neuzeit entstanden. Aber für beinahe jedes Substantiv, das als Bestimmungswort auftreten kann, sind ein oder mehrere Fugenzeichen typisch geworden, soweit es nicht unmittelbar, d. h. ohne solche Zwischensilben, mit dem Grundwort verbunden wurde. Daß die Fugenzeichen (das -s- oder -es-, von dem im vorigen Kapitel gesprochen wurde, und die Silben -en-, -er-, -e-) zugleich auch in anderem Zusammenhang als Deklinationsendungen vorkamen, störte dabei niemanden. Die Neubildung von Zusammensetzungen war (und ist noch heute) ein mechanischer Vorgang. Das syntaktische Verhältnis zwischen den beiden Bestandteilen trat dabei zurück, und nur die innere Beziehung der beiden Teile war wichtig, weil sie die Bedeutung des zusammengesetzten Wortes prägte. So entstanden Reihen gleich gebildeter Zusammensetzungen mit demselben Bestimmungswort, die im einzelnen ganz verschiedene Inhalte haben können:

○ Neben *Freundestreue* (= Treue eines Freundes) steht *Freundeskreis* (= Kreis von Freunden), neben *Bischofsstab* und *Bischofsmitra* (= Stab, Mitra des Bischofs) steht *Bischofskonferenz* (= Konferenz der Bischöfe), neben *Königsthron* und *Königskrone* (= Thron, Krone des Königs) kennen

wir *Königstiger* (= ein Tiger wie ein König) und das Adjektiv *königstreu*
(= dem König treu). Auch Wörter wie *Frühlingssturm, Hilfslinie, Zwillings-
forschung* enthalten ihrer Bedeutung nach keinen Genitiv („Sturm im
Frühling", „Linie, die zur Hilfe dient", „Forschung an Zwillingen").

Umgekehrt haben Zusammensetzungen wie *Tagewerk, Gänseblume,
Hühnerei, Frauenhaar,* die ursprünglich gar keinen Plural meinen,
zur Bildung vieler neuer Wörter angeregt, in denen man wirklich pluralische Vorstellungen ausdrücken wollte. Daher treten heute viele
erste Glieder von Zusammensetzungen sowohl in der Stammform
wie in der Pluralform auf:

○ *Buchhandlung – Bücherstube, Bücherwurm. Gasthaus – Gästehaus, Gä-
stebuch, Gästehandtuch. Arztpraxis – Ärztekammer, Ärztekongreß. Lamm-
fell – Lämmergeier, Lämmerschwanz, Lämmerwölkchen. Kalbfleisch – Käl-
berkropf* (Pflanzenname). *Motorhaube – Motorenbau, Motorenlärm.*

Es wird also deutlich, daß man die alten Fugenzeichen, die Silben
-e-, -en-, -er-, nachträglich als Deklinationsendungen angesehen
und bei der Bildung neuer Wörter entsprechend eingesetzt hat. Das
ist vereinzelt schon recht früh geschehen (das Wort *Augenblick* z. B.,
mittelhochd. *ougenblic* „Blick der Augen, ganz kurze Zeit", enthält
die Mehrzahl von *Auge*), in größerem Umfang aber erst in der Neuzeit. Man will bei solchen Bildungen Beziehungen zwischen den beiden Gliedern der Zusammensetzung herstellen, die sonst nur im Satz
möglich sind (*Ärztekammer* = Kammer der Ärzte; *Motorenbau* =
Bau von Motoren; *Bücherstube* = Stube zum Verkauf von
Büchern). Und man benutzt – auch das ist typisch für die deutsche
Zusammensetzung – ein altes, längst nicht mehr gültiges Schema,
nämlich den vorangestellten Genitiv: Aus *der ougen blic* (heute: *Blick
der Augen*) wird *ougenblic* und unser heutiges *Augenblick.*

Aber all das geschieht ganz ohne systematische Überlegungen, ohne
Plan. Alle Muster, die das Wörterbuch für ein Substantiv als Bestimmungswort anbietet, können bei Neubildungen verwendet werden,
und so werden neben den Bildungen mit der Pluralform auch die alten Zusammensetzungen mit der Stammform immer wieder nachge-
ahmt:

○ *Buchdruck – Buchhandel – Buchmesse – Buchgemeinschaft. Gasthaus –
Gastwirt – Gastzimmer – Gaststätte – Gastarbeiter.*

Es bleibt dabei: Der pluralische Charakter eines Bestimmungswortes
braucht in der Zusammensetzung nicht ausgedrückt zu werden
(*Gasthaus* und *Gaststätte* sind genauso für „Gäste" da wie das *Gäste-
buch* und das *Gästehandtuch*). Doch kann es in manchen Fällen angebracht sein, eine Mehrheit von einzelnen Personen oder Dingen
deutlicher zu bezeichnen, vor allem, wenn ältere Wörter schon mit ei-

ner bestimmten Bedeutung fest verbunden sind. Das *Gästehaus,* in dem eine Stadtverwaltung ihre Gäste unterbringt, ist ja kein *Gasthaus* (kein Hotel). Und eine *Bücherstube* will eine Sonderform des allgemeinen Typs *Buchhandlung* darstellen. Wo aber solche Wörter einmal üblich geworden sind, kann man sie nicht beliebig durch andere Formen der Zusammensetzung ersetzen. Aus der *Bücherstube* kann man nicht eine *Buchstube* machen und aus dem *Lämmergeier* keinen *Lammgeier!* Wie sie einmal entstanden und in den Sprachgebrauch eingegangen ist, ist jede Zusammensetzung eine feste Wort- und Begriffseinheit.

Konfirmanden und Kommunikanten

Die Fremdwörter auf *-and* und die auf *-ant* werden oft durcheinandergebracht. Das ist auch nicht verwunderlich, denn für das Ohr klingen *-and* und *-ant* völlig gleich. Auch handelt es sich immer um Bezeichnungen für Personen, die irgend etwas tun oder sich auf etwas vorbereiten.

Aber der Unterschied ist mehr als eine Rechtschreibfrage. Wir haben hier zwei verschiedene Arten der Wortbildung vor uns. Um sie zu verstehen, müssen wir uns ein wenig mit lateinischer Grammatik beschäftigen, denn das Lateinische hat uns all diese Wörter vermacht oder vermittelt.

Was Konfirmanden und [Erst]kommunikanten sind, weiß wohl jeder. Diese Wörter unterscheiden sich nicht nur nach der Konfession, sondern auch in ihrer eigentlichen Bedeutung. Der evangelische *Konfirmand* ist ein junger Mensch, der *konfirmiert wird.* In diesem Wort steckt das lateinische Verb *confirmare* „befestigen, bestätigen"; der *confirmandus* ist „jemand, der [im Glauben] befestigt, bestätigt werden soll". Diese Form auf *-andus* ist das lateinische sog. Gerundiv, es drückt aus, daß etwas mit jemandem geschehen soll.

In dem Wort *Kommunikant* dagegen, das heute vor allem in der katholischen Kirche gebraucht wird, steckt das lateinische Verb *communicare* „an etwas teilhaben, teilnehmen", nun aber nicht in der Form des Gerundivs, sondern in der des 1. Partizips: *Communicans,* Genitiv *communicantis* ist der „Teilnehmende", in unserm Falle derjenige, der an der *communio* oder *Kommunion,* an dem Gemeinschaftsmahl der Gläubigen mit Christus teilnimmt. (Man sagt auch: *Er kommuniziert.*) Wir sehen also: Der *...andus* ist jemand, mit dem etwas geschehen soll, der *...ans, ...antis* ist jemand, der etwas tut. Die Wörter der ersten Gruppe haben passivischen, die der zweiten aktivischen Sinn. Allerdings haben die deutschen Wörter auf *-and* noch eine kleine Bedeutungserweiterung durchgemacht. Sie drücken auch aus, daß jemand sich auf eine Veränderung seines Standes vorbereitet. Er muß selbst an sich arbeiten, um dieses Ziel zu erreichen. Das wird bei anderen Wörtern dieser Bildungsweise noch deutlicher, wie wir gleich sehen werden.

Wörter auf -and finden sich nämlich besonders im Hochschulwesen. Da ist der *Doktorand,* der sich auf sein Doktorexamen vorbereitet, der *Habilitand,* der sich für ein akademisches Lehramt *habilitieren* will, und der *Diplomand,* der für seine Diplomprüfung arbeitet. Der *Doktorand* wird gelegentlich auch *Promovend* genannt, er will zur *Promotion* zugelassen werden, die Fakultät soll ihn zum Doktor *promovieren* (lat. *promovere* „befördern"). Man sagt gewöhnlich mit aktivem Sinn: *Er will promovieren.*

Ein Mann, der sich im Übergang zu einer neuen Stellung und Tätigkeit befindet, ist auch der *Informand.* So wird z. B. ein junger Ingenieur genannt, der nacheinander in verschiedenen Abteilungen eines großen Betriebes arbeitet, um alle Arbeiten dort kennenzulernen. Er soll *informiert* werden. Bei diesem Wort *Informand* entstehen oft Zweifel, ob es nicht mit -*t* zu schreiben sei. Gewiß, den *Informanten* mit -*t* gibt es auch; das ist jemand, der *Informationen* gibt, und zwar besonders jemand, der der Presse, dem Funk oder dem Fernsehen Mitteilungen über eine aktuelle Angelegenheit macht. Dieses Fachwort der Journalisten ist seinerzeit durch die berühmte Spiegel-Affäre allgemeiner bekannt geworden, und mindestens seit damals wissen die Büros der Industrie oft nicht recht, ob sie ihre Nachwuchsingenieure als *Informanden* oder als *Informanten* bezeichnen sollen. Richtig ist also nur die Schreibung mit -*d:* Der junge Ingenieur ist „ein zu Informierender" (lat. *informandus*). Ein „Informant" (lat. *informans*), der selbst Informationen gibt, ist er nicht.

Ein weiteres Wort, nach dessen Schreibung oft gefragt wird, ist die Bezeichnung *Rehabilitand.* Sie gehört in den Bereich der Sozialarbeit. *Rehabilitanden* sind Menschen, die durch eine Krankheit oder einen Unfall schwer geschädigt worden sind und sich nun auf einen neuen Beruf umstellen und dafür vorbereiten müssen. Sie sollen *rehabilitiert,* d. h. ihren Kräften entsprechend in das Berufsleben und in die Gesellschaft wieder eingegliedert werden.

Nun wird manchmal die Ansicht vertreten, gerade auch von Leuten, die mit der Rehabilitation solcher Versehrten zu tun haben, man solle das Wort *Rehabilitand* mit -*t* schreiben und damit ausdrücken, daß der Versehrte selbst mit Ausdauer und großer Energie an seiner Rehabilitation arbeiten muß. Wer so argumentiert, kennt also den Unterschied von -*and* und -*ant.* Mit -*and* ist ihm das Wort zu passiv!

Darauf gibt es zwei Antworten. Die eine: Unsere Sprache wird doch wohl überfordert, wenn man Psychologie auf e i n e m Buchstaben aufbauen will. Bei *Informand/Informant* waren es zwei ganz verschiedene Bedeutungen und Lebensbereiche, hier aber soll ein einziges Wort in sich umgekehrt werden, indem man einen Buchstaben ·daran ändert. Die Kraft, die der Versehrte für seinen Neubeginn braucht, kann durch einen solchen Trick wohl kaum unterstützt werden. Und die andere Antwort: Die Wörter auf -*ant* bezeichnen, da sie ja vom Partizip Präsens abgeleitet sind, alle eine Tätigkeit, die gerade ausgeübt wird. Der *Praktikant praktiziert* (er arbeitet praktisch), der *Fabrikant fabriziert* etwas, der *Demonstrant* nimmt an einer *Demonstration* teil, er *demonstriert*. Der *Rehabilitand* aber soll *rehabilitiert* werden oder sich selbst *rehabilitieren*. Das geschieht nicht während seiner Ausbildung und Umschulung, sondern erst in dem Augenblick, wo er sich selbständig wieder ins Berufsleben einschaltet. Die eigene Vorbereitung und die Hilfe der Umwelt dazu sind das Entscheidende, und insofern befindet er sich in ähnlicher Lage wie der *Doktorand* und der *Habilitand* an der Hochschule. Auch diese arbeiten ja auf eine zukünftige Verbesserung ihres Standes in der Gesellschaft hin. Lassen wir also den *Rehabilitanden* in dieser Gruppe, er ist da in bester Gesellschaft!

Die Amtmännin

Dieses Kapitel wird sich ein wenig am Rande der Grammatik bewegen. Die Frage, um die es geht, gehört mehr in den Bereich der Gesellschaft – unserer modernen Arbeits- und Leistungsgesellschaft – als in den des sprachlichen Regelwerks.

Denn grammatisch ist die Frage längst geklärt: Berufs- und Standesbezeichnungen können männlich oder weiblich sein, und für die weibliche Form steht seit alters die Endung -*in* zur Verfügung (soweit nicht das Grundwort -*frau* eingesetzt wird, auf das wir noch zurückkommen werden). Die Sprachwissenschaft nennt diesen Genuswechsel durch eine Endung „Movierung": Die männlichen Wörter werden „moviert", d. h. ins weibliche Geschlecht hinüber „bewegt":

O *Bäuerin, Gärtnerin, Lehrerin, Schneiderin, Köchin, Hirtin, Wirtin, Studentin, Ärztin, Beamtin* ...

Die Reihe ließe sich beliebig fortsetzen, und bei vielen dieser Wörter empfinden wir gar nicht so sehr, daß sie aus ihrem männlichen Gegenstück abgeleitet sind, weil wir nämlich feste Vorstellungen typisch weiblicher Berufe damit verbinden. Eine *Köchin* gäbe es auch ohne den *Koch,* und *Schneiderin* und *Schneider* sind wegen ihrer verschiedenen Kundschaft für das Sprachgefühl kaum noch aufeinander bezogen.

Das wird aber gleich anders, wenn Frauen Berufe ausüben, die nach alter Tradition bisher Männersache waren. Da machen tüchtige Mädchen die Gesellen- oder gar Meisterprüfung im Dachdeckerhandwerk, im Zimmermannshandwerk, im Installateurberuf, sie werden Kunstschmiede, Tischler, Automechaniker oder gar Setzer und Buchdrucker. Und die Innungen stehen dann vor der Frage, ob sie den herkömmlichen Text des Meisterbriefs ändern sollen: *Meisterin des Zimmerhandwerks, Mechanikermeisterin* – oder soll es beim *Meister* bleiben? Gewiß, die *Frau Meisterin* gab es schon lange. Wir kennen sie aus den alten Handwerksliedern. Es gab auch die *Generalin* und die *Majorin,* und die Mutter der Brüder Grimm in Hanau wurde *Frau Amtmännin* genannt, während Goethes Mutter allerdings als die *Frau Rat* bekannt ist. Aber diese achtbaren Frauen redete man mit dem Titel ihres Ehemanns an, sprachgerecht in der weiblichen Form dieser Titel, in der Form auf *-in.* Veränderte man doch auch die Familiennamen auf diese Weise und sprach von verheirateten Frauen als der *Neuberin,* der *Gottschedin,* der *Karschin.* Auf alten Toreinfahrten kann man es noch besser lesen:

○ *Hans Caspar Jung und Katharina Jungin haben diß Haus gebauet Anno 1781.*

Heute aber, wo die Zeit vorbei ist, in der die Ehefrau den Titel des Mannes führte, wo man sie auch nicht mehr als *Frau Doktor, Frau Professor, Frau Kommerzienrat* anredet, stehen wir oft vor der Frage, wie denn eine Frau mit ihrem eigenen, selbsterworbenen Titel anzusprechen sei oder wie man von ihr sprechen solle. Heißt es *Frau Staatsanwalt* oder *Frau Staatsanwältin, Frau Bürgermeister* oder *Frau Bürgermeisterin*? Und ist die Beamtin in der Stadtverwaltung, mit der ich als Bürger zu tun habe, nun ein *Amtmann* oder eine *Amtmännin*?

Es mag sein, daß für die Funktion oder Amtsstellung, in der eine Frau – meist neben einer Überzahl männlicher Kollegen – tätig ist, die männliche Form der Bezeichnung noch geläufiger ist. ,,*Der Landrat des Kreises X*" kann sehr wohl eine Frau sein, ebenso ,,*Der Rektor der Universität Y*" oder ,,*Der Bundesminister für das Gesundheitswesen*". Diese herkömmlichen Amtsbezeichnungen sagen also unter den heutigen Verhältnissen nicht ohne weiteres etwas über das Geschlecht ihres Trägers aus. So läßt sich auch die Bekanntmachung eines Amtsgerichts in einem Vergleichsverfahren verstehen:

○ RA Elisabeth P. in Regensburg... ist *zum vorläufigen Verwalter bestellt.*

„Verwalter", das ist die Funktion dieser Dame. Die Preisfrage bleibt nur, ob man „RA" als „Rechtsanwalt" oder „Rechtsanwältin" lesen soll. Jedenfalls wird man es auch jener Beamtin in einer rheinischen Stadt nicht verdenken, daß sie sich in ihrem Unterschriftsstempel als *Gewerbeamtmann* bezeichnet. So steht ihr Rang ja in der Besoldungsordnung.

Dennoch wäre es an der Zeit, auch in diesem Bereich Farbe zu bekennen. *Räte* und *Rätinnen, Direktoren* und *Direktorinnen, Inspektoren* und *Inspektorinnen,* warum sollen sie nicht in amtlichen Schriftstücken und ebenso in den Berichten von Presse, Funk und Fernsehen nebeneinander erscheinen?

Ähnlich ist es im täglichen Leben. Ich gehe *zum Friseur, zum Zahnarzt,* auch wenn mich eine *Friseuse* bedient und eine *Zahnärztin* behandelt. Nur gebrauche ich hier, wenn es mir auf die Person ankommt, keinen Titel, sondern sage einfach *Frau* oder *Fräulein X* und *Frau Dr. Y.*

Gerade dies aber ist entscheidend: Wenn es auf die Person ankommt und weniger auf das Amt. Es mutet doch merkwürdig an, wenn in der Mitgliederliste einer österreichischen Vereinigung die *Frau Lehrerin* neben der *Frau Hauptlehrer,* der *Frau Sonderschuloberlehrer* und der *Frau Nationalrat* steht (*Lehrer* allein ist halt nur ein Beruf, kein Titel!). Aber auch in Zeitschriften und Zeitungen der Bundesrepublik und der DDR finden wir Angaben über solche „männlichen" Damen:

○ ...unter diesem Motto eröffnete *Bundesfamilienminister Antje Huber* die Ausstellung.

○ An der Redaktion beteiligte sich ferner *Frau Oberinspektor Mechthild W.,* die sich auch der Bestimmung der Einbandstempel und der Wasserzeichen widmete.

○ (Text zu Bildern der leitenden Mitarbeiter eines Verlages in der DDR:) *Margarete B. (Leitender Lektor), Heinz S. (Werbeleiter), Dr. Erika N. (Stellvertretender Cheflektor), Horst B. (Cheflektor), von links nach rechts.*

○ (In einem Telefonbuch:) *St., Eva-Maria, Oberstudienrätin,* aber: *Z., Lotte, Dr., Oberstudienrat.*

In allen diesen Beispielen wären die Formen auf *-in* durchaus sach- und sprachgerecht. Stünden sie da, dann hätte wohl kein Leser der Mitteilungen Bedenken. In welche Verlegenheit aber der Journalist durch eine doppeldeutige männliche Funktionsbezeichnung kommen kann, zeigt folgende Meldung:

○ Als die Anwesenheitsliste bei der Tagung des Bundesausschusses zur Förderung des Leistungssports...durchgegangen wurde, fehlte *der Sprecher der Aktiven. Er hätte Ingrid Becker sein sollen...*

Gewiß hätte die Fünfkämpferin „der Sprecher der Aktiven" sein sollen, oder, umgekehrt gesagt: „Der Sprecher der Aktiven hätte Ingrid Becker sein sollen". Aber durch das persönliche Fürwort „er" wird die Amtsbezeichnung zur Bezeichnung der Person, und der Satz wird falsch. R i c h t i g müßte er lauten: *„Das hätte I.B. sein sollen".* (Übrigens gilt das auch, wenn ein männlicher Name folgt, z. B. *„Das hätte Erhard Keller sein sollen"*!)

Um aber wieder zum Thema zu kommen: Eine Ausnahme bei den Berufs- und Amtsbezeichnungen machen wohl die weiblichen Ministerpräsidenten und ähnliche hochgestellte Damen. Indira Gandhi, Golda Meir, Margaret Thatcher wurden und werden von den Zeitungen meist als *Ministerpräsidentin* bzw. *Premierministerin* angeführt. Auch ein Satz wie der folgende liest sich ganz natürlich:

    ○ *Präsidentin* der 24. Vollversammlung der UN wurde *die liberianische Delegierte Angie Elizabeth Brooks.*

Ganz allgemein gesprochen: Wir sollten konsequent sein und Frauen als Frauen in ihren Ämtern und Berufen nicht nur anerkennen, sondern auch als Frauen bezeichnen:

    ○ *die Architektinnen, Ingenieurinnen, Regisseurinnen, Redakteurinnen, Lektorinnen, Journalistinnen, Politikerinnen, Fotografinnen, die Stadträtinnen, Dezernentinnen, Referentinnen, Assessorinnen* und auch die *Dozentinnen, Wissenschaftlichen Rätinnen* und *Professorinnen.*

Im Bereich der akademischen Grade und Titel ist man noch besonders konservativ. Der Titel *Professor* wird fast ausschließlich unverändert gebraucht, auch in der Anrede *Frau Professor.* Das hat dann Personalangaben wie diese zur Folge:

    ○ Dr. Elisabeth Noelle-Neumann, *ordentlicher Professor* in Mainz, *Journalistin, Sozialwissenschaftlerin* und *Leiterin* des Instituts für Demoskopie in Allensbach.

Die Bezeichnung *Doktor (Dr.)* wird wohl immer unverändert bleiben, sie ist weitgehend neutralisiert, zumal sie auch als Bestandteil des Familiennamens behandelt wird. Auch der *Magister artium (M.A.)* läßt sich nur in dieser Form anwenden. Warum sollten aber die vielen Diplominhaberinnen nicht dem Beispiel der *Diplombibliothekarin* folgen und sich *Diplombiologin, Diplomingenieurin, Diplomphysikerin* u. ä. nennen, ganz gleich, was für eine Form in ihren Diplomen geschrieben steht? Auch das wäre eine Konsequenz der Emanzipation. Bleiben wir aber tolerant, und überstürzen wir nichts! Die allgemeine Tendenz wird zweifellos zur Vermehrung der weiblichen Bezeichnungen führen.

Wie steht es aber nun mit der *Amtmännin*? Manche haben Bedenken, ein so „männliches" Wort wie *Mann* mit einer weiblichen Endung zu versehen. Aber das sollen sie ja auch gar nicht. In der Zusammensetzung *Amtmann* sind die beiden Glieder zu einer Einheit verschmolzen, und diese Einheit soll nun moviert, ins weibliche Genus übertragen werden. Nicht nur, daß diese Bildungsweise schon altüberliefert ist (wir erinnern an die Familie Grimm in Hanau, s. o.), der Duden enthält sogar zwei Parallelfälle: die *Landsmännin* und die *Obmännin*. Unsere Beamtin befindet sich also in guter Gesellschaft. Und wer nicht „Sehr geehrte Frau Amtmännin" schreiben mag, dem sei hier noch ein Trick verraten, der ebenfalls zeitgemäß ist: Man kann die Dame auch mit ihrem Familiennamen anreden!

Eine andere Möglichkeit der Movierung hat man etwa in den zwanziger Jahren bei dem Wort *Kaufmann* versucht. In den Handelsregistern findet sich seit jener Zeit und heute noch oft das Wort *Kauffrau*:

○ ... Inhaberin ist Elisabeth B. geb. H., *Kauffrau* in Mannheim. – Der Geschäftsführer O. M. ist ausgeschieden. Frau Hannelore H. geb. M., *Kauffrau*, Ludwigshafen am Rhein, ist zur weiteren Geschäftsführerin bestellt worden. Die Geschäftsführer Jakob H. und Hannelore H. sind jeweils alleinvertretungsberechtigt. (Man beachte hier die geschickte Verwendung der Formen des Wortes „Geschäftsführer"!)

Nun, die *Kauffrau* wird wohl nur wenig Nachahmung finden, eine *Obfrau* wäre allenfalls denkbar. Aber eine *Amtsfrau* oder gar der Satz: *Fräulein X ist eine Landsfrau von mir*? Das geht wohl nicht! Und die weiblichen *Diplomkaufleute*, werden sie einmal *Diplomkauffrauen* werden?

Übrigens geht es neuerdings auch andersherum: Wo bei einer jungen Familie die Frau eine sichere und gutbezahlte Stellung hat, da sorgt eben der Mann als *Hausmann* für Haushalt und Kinder. Ein altes Wort hat so als Gegenstück zur *Hausfrau* eine neue Bedeutung erhalten.

Täglich und vierzehntägig

Immer wieder wird gefragt, was der Unterschied dieser beiden Adjektivbildungen sei. Man kennt zwar genug Adjektive mit Zeitangaben, die auf *-lich* enden:

○ täglich, stündlich, jährlich, wöchentlich, monatlich, alltäglich, allwöchentlich, viertelstündlich, sonntäglich u.a.

Und die meisten wissen auch, daß diese Adjektive eine Wiederholung ausdrücken:

○ *das tägliche Bad, unsere wöchentlichen, allwöchentlichen Zusammenkünfte, die jährlichen Zinsen, die sonntäglichen Gottesdienste, der alltägliche Ärger.*

Lauter Dinge, die jeden Tag, jede Woche, jedes Jahr usw. einmal fällig sind. – Wozu aber brauchen wir daneben Adjektive auf *-ig?* Was ist z. B. der Unterschied zwischen einer *halbjährlichen* und einer *halbjährigen Kündigung?*

Sehen wir einmal zu, was es für Adjektive auf *-ig* gibt, die Zeitangaben enthalten:

○ *zweijährig, dreiwöchig, halbstündig, mehrmonatig, vierzehntägig.*

Wie werden sie gebraucht?

○ *Ein zweijähriges Pferd* ist ein Pferd, das zwei Jahre alt ist, ein Pferd von zwei Jahren. *Ein dreiwöchiger Urlaub* dauert drei Wochen, *ein halbstündiger Vortrag* eine halbe Stunde. *Die mehrmonatige Abwesenheit* meines Geschäftspartners kann sich von April bis Juni, von August bis November, auf jeden Fall über mehrere Monate hinweg erstrecken, und *ein vierzehntägiger Kursus* dauert zwei Wochen.

Wir sehen, daß diese Bildungen auf *-ig* nur als „zusammengesetzte" Wörter auftreten. Genaugenommen sind es meist Zusammenbildungen, d. h., die Endung *-ig* bildet aus zwei getrennten Wörtern *(zwei Jahre, vierzehn Tage, mehrere Monate)* eine einheitliche Ableitung: Was zwei Jahre besteht, ist *zweijährig,* was vierzehn Tage dauert, ist *vierzehntägig* usw. Nur bei *vierteljährig, viertelstündig* liegt ein zusammengesetztes Substantiv zugrunde: *das Vierteljahr, die Viertelstunde.*

Somit muß also eine *halbjährige Kündigung* über eine Frist von einem halben Jahr hinweg laufen. Wann dieses halbe Jahr (6 Monate) beginnt, ist damit nicht gesagt.

Anders ist es bei der *halbjährlichen Kündigung.* Sie kann jedes halbe Jahr ausgesprochen werden, d. h. alle 6 Monate. Wann das jeweils ist, muß besonders festgelegt werden. Beginnt z.B. ein Vertrag am 1. Mai, dann kann er bei *halbjährlicher Kündigung* frühestens am (nicht zum!) 1. November des gleichen Jahres gekündigt werden. Mit welcher Frist, ist damit aber nicht gesagt. Meist hält man sich für den Zeitpunkt an das Kalenderjahr (1. Januar, 1. Juli) und bestimmt die Frist auf andere Weise.

Das Gesetz und die Anstellungsverträge verwenden denn auch die unzulänglichen Adjektive gar nicht. Man sagt lieber:

○ Das Arbeitsverhältnis kann beiderseits für den Schluß eines Kalendervierteljahres unter Einhaltung einer Kündigungsfrist von 6 Wochen gekündigt werden.

Das heißt: Wer am 1. Juli aufhören will, muß spätestens am 19. Mai kündigen. In der Alltagssprache ist das – eindeutig ausgedrückt – eine *sechswöchige Kündigung zum Quartalsende,* aber ni c h t eine *sechswöchentliche Kündigung.*

Neben dem erwähnten *vierzehntägig (der vierzehntägige Urlaub)* gibt es auch die Form *vierzehntäglich: Unsere vierzehntäglichen Zusammenkünfte.* Da dieses Wort aber zu sehr an *täglich* (= alle Tage) anklingt, verwendet man es ungern und sagt lieber *zweiwöchentlich.*

Geläufiger ist das Wortpaar *zweistündig / zweistündlich,* das auch der Duden anführt: Der Arzt verordnet dem Kranken eine *zweistündige Mittagsruhe* (= zwei Stunden lang), und von der Medizin soll er *zweistündlich* (= alle zwei Stunden) 10 Tropfen einnehmen.

Merken wir uns also den Unterschied:

● Die adjektivischen Zeitangaben auf *-ig* drücken die Dauer aus: *Ein vierzehntägiger Urlaub* dauert vierzehn Tage oder zwei Wochen.

● Die adjektivischen Zeitangaben auf *-lich* drücken die regelmäßige Wiederholung aus: Wir kommen *vierzehntäglich* zusammen, d. h. alle vierzehn Tage, alle zwei Wochen.

...und steckte letzteren in die Tasche

Recht genau möchte mancher sein, wenn er etwas beschreibt, und gebraucht dann Wörter und Ausdrücke, die er im Alltagsgespräch gar nicht verwenden würde. Gewiß, wer spricht, kann manches durch Betonung und Gesten hervorheben. Beim Schreiben ist das anders. Da kann man schon einmal umständlich werden, um verständlich zu sein. Doch tut man auch leicht des Guten zuviel, und das am falschen Platze.

Ein junger Mann in einem Wohnheim stellt fest, daß jemand an seinem Schrank war. Der Inhalt des Schrankes ist durchwühlt, und einige wertvolle Dinge fehlen. Der junge Mann setzt eine schriftliche Meldung für die Heimleitung auf. Der Schrank war abgeschlossen, und den Schlüssel hatte er mitgenommen. Er schreibt:

○ Wie an jedem Morgen verschloß ich den Schrank, zog den Schlüssel ab und steckte letzteren in die Tasche.

Der Heimleiter schmunzelt, als er das liest. Den Schrank hätte der junge Mann ja nicht in die Tasche stecken können. Warum also das kunstvolle Wortgebilde? Vielleicht wollte er die beiden männlichen Substantive säuberlich voneinander trennen. Aber jeder Leser seines

Satzes hätte ein einfaches „steckte *ihn* in die Tasche" richtig auf „Schlüssel" bezogen.

Es gibt auch andere Sätze dieser Art:

○ Die Akten werden in einem Keller verwahrt. *Letzterer* ist schlecht gelüftet und ziemlich feucht. – Der Kraftfahrer war eingekehrt und hatte zwei Flaschen Bier getrunken. *Letzteres* wurde ihm zum Verhängnis.

In all diesen Fällen hätte ein schlichtes Pronomen wie *ihn, dieser, das* genügt. Hier sollte ja keinerlei Gegensatz betont werden. Und im Gespräch hätte keiner der Berichterstatter das Wörtchen *letzterer* gebraucht. Eine gewisse Berechtigung aber hat es, ebenso wie sein Gegenwort *ersterer,* dort, wo das übliche *dieser – jener* nicht nachdrücklich genug erscheint:

○ Er besaß ein Haus in der Stadt und eins auf dem Lande. *Ersteres* hatte er gekauft, *letzteres* war ihm durch Erbschaft zugefallen.

Man muß anerkennen, daß die Pronomen *jener* und *dieser* nicht immer eindeutig sind. Zwar gilt die Regel, daß *dieser* das zuletzt genannte, im Satz näher stehende Wesen oder Ding bezeichnet und *jener* das zuerst genannte, genau wie bei räumlichem Bezug: *dieses Haus hier – jenes Haus dort.* Aber der Leser eines solchen Satzes kann doch unsicher werden. Er weiß ja nicht, ob sich der Schreiber an die Regel gehalten hat; vielleicht soll ja *dieser* das erstgenannte Ding sein? Es ist wie mit dem Sprichwort „Hunde, die bellen, beißen nicht." Man ist nie sicher, ob der Hund, der da so wütend bellt, diese Regel auch kennt.

Wer also eindeutig sein will, der schreibe ruhig *der erstere – der letztere.* Er könnte allenfalls auch *der erste* und *der zweite* sagen, aber das erweckt dann leicht die Vorstellung einer Rangordnung oder einer zeitlichen Reihenfolge. Die sind mit *der erstere – der letztere* nie gemeint, denn diese „Komparative" drücken keine Wertung aus.

Warum dann aber die Komparativform? Was kann denn noch „erster" sein als der „erste"? Nun, die Form kommt eben aus dem gegenseitigen Verhältnis der zwei Wörter, sie sind aufeinander bezogen als das früher und das später Genannte.

Keinesfalls darf deshalb dieses Wortpaar gebraucht werden, wo mehr als zwei Wesen oder Dinge im Spiel sind. Man schreibe also nicht:

○ Peter, Frank und Thomas sind Brüder. *Ersterer* studiert Medizin, *letzterer* will Kaufmann werden.

Was ist nun mit Frank? Warum wird er einfach übergangen? Vielleicht interessiert er ja den Erzähler wirklich nicht. Aber der Zuhörer empfindet doch die Lücke. Warum also nicht die Namen wiederholen oder *der erste – der zweite – der dritte* sagen oder *der erste – der letzte, der älteste – der jüngste?*

● Nur dann, wenn z w e i Größen aufeinander bezogen werden, wollen wir also die „Komparative" *der erstere* und *der letztere* verwenden.

Widersprüchliches

„Über die Lage in Ostpakistan werden einander widersprüchliche Angaben gemacht", sagte der Nachrichtensprecher im SDR am 19. März 1971. – Es gibt *widersprüchliche Angaben, die Angaben widersprechen einander.* Gewiß! Darf man aber das Adjektiv *widersprüchlich* mit dem Pronomen *einander* verbinden, das hier für den Dativ steht (eine Angabe widerspricht der anderen)? Kann man etwa sagen „der dem Vater widersprüchliche Sohn" oder „sein aller guten Sitte widersprüchliches Verhalten"? Das wäre doch wohl kein richtiges Deutsch!

Wie ist der Rundfunksprecher zu seinem Satz gekommen? Das Verb *widersprechen* wird korrekt mit dem Dativ verbunden. Der Grammatiker nennt das die Rektion des Verbs, er sagt: „Es regiert den Dativ." Das Adjektiv *widersprüchlich* sollte nun das Verb *widersprechen* vertreten. Darum wandte der Sprecher die Rektion des Verbs auch auf das Adjektiv an.

Es gibt zwar Adjektive, die den Dativ regieren, z. B.

○ er ist *mir fremd*; das Angebot ist *uns* sehr *willkommen*; das Buch war *dem Studenten unbekannt.*

Diese Adjektive behalten den Dativ auch bei attributivem Gebrauch bei, man sagt also korrekt, wenn auch etwas schwerfällig:

○ *dieser mir fremde Mann; ein uns sehr willkommenes Angebot; das dem Studenten unbekannte Buch.*

Aber *widersprüchlich* gehört nicht hierher, man sagt ja nicht: „diese Behauptung ist der Wahrheit widersprüchlich." (Solche Probesätze mit *ist* sind eine gute Hilfe in Zweifelsfällen. Man erkennt an ihnen leichter, ob die Verbindung mit dem Dativ sprachgerecht ist oder nicht.) Ein Partizip dagegen kann bei attributiver Verwendung sehr wohl den Dativ bei sich haben. Das Partizip bleibt ja auch in dieser Verwendung eine Form des Verbs: *die einander widersprechenden Angaben* – so hätte der Nachrichtensprecher sagen sollen.

Fehler dieser Art findet man oft. Da heißt es: „alle dem Verein angehörigen (r i c h t i g : *angehörenden*) Sportler"; oder mit anderer Rektion, aber auch nicht besser: „der zum Haus gehörige (richtig: *gehörende*) Garten"; „die vom Schüler leicht erlernbare (richtig: *zu erlernende*) Regel"; „der in Berlin gebürtige (richtig: *geborene*) Künstler". Manchmal hilft schon ein Wechsel der Präposition: *eine nur für schlanke Leute* (nicht: von schlanken Leuten) *tragbare Mode.* Oder man bildet, sicher nicht zum Schaden des Stils, einen Relativsatz: Statt des falschen Ausdrucks „vom Steuerpflichtigen absetzbare Beträge" sagt man: *Beträge, die der Steuerpflichtige absetzen kann.*

Übrigens ist es oft überflüssig, ein solches Adjektiv mit einer Ergänzung zu versehen: *die absetzbaren Beträge, die leicht erlernbare Regel, die einschlägige Literatur* – jeder versteht aus dem Zusammenhang, wer da etwas absetzen oder erlernen soll oder in welches Fachgebiet die Literatur „einschlägt". Die Kennzeichnung durch das Adjektiv genügt; der Vorgang selbst braucht nicht dargestellt zu werden.

Ein besonders auffälliger Mißgriff, den man aber immer wieder beobachten kann, ist die falsche Anwendung des Reflexivs *sich* bei dem Adjektiv *befindlich.*

○ Es heißt richtig *der im Keller befindliche* oder (weniger schön) *der sich im Keller befindende Tresor.* Aber nicht: „der sich im Keller befindliche / im Keller sich befindliche Tresor".

Halten wir also fest:

● Adjektive, die von einem Verb abgeleitet sind oder an Stelle eines Verbs eingesetzt werden, bezeichnen nicht mehr das im Verb ausgedrückte Sein und Geschehen, sondern sie kennzeichnen ein Merkmal, eine Eigenschaft. Sie sind keine Verbformen und können deshalb die Rektion des Verbs nicht beibehalten.

Sich einander gegenseitig

Das Reflexivpronomen oder rückbezügliche Fürwort bezieht das, was das Subjekt eines Satzes tut, auf eben dieses Subjekt zurück:

○ Peter rasiert *sich.* Die Amsel badet *sich* in der Brunnenschale. Die Kinder verstecken *sich* im Garten. Ich helfe *mir* mit einem Trick. Gewöhnt *euch* doch das Rauchen ab!

Möglich ist auch der Bezug auf ein Objekt des Satzes:

○ Die Mutter überließ *das Kind sich* selbst. Die kalte Luft brachte *den Betrunkenen* wieder zu *sich.* Man teilte *jedem Ansiedler* für *sich* und seine Familie ein Stück Land zu.

Natürlich muß man darauf achten, daß keine Mißverständnisse aufkommen. Steht das Reflexiv mit einer Präposition als Attribut hinter einem Substantiv (z.B. ein Bild *von mir, die Menschen *um mich her*), dann wird seine Beziehung auf das Subjekt meist deutlich sein:

○ Senden Sie unserm Vertreter bitte ein Foto *von sich.* Er schien die Menschen *um sich her* gar nicht zu bemerken.

Könnte man hier noch – stilistisch weniger gut – das Personalpronomen einsetzen (ein Foto *von Ihnen, die Menschen *um ihn her*), so ist der folgende Satz allein mit dem Personalpronomen möglich:

○ Karl traf seine Freunde im Gespräch *über ihn.*

(Die Freunde sprachen über Karl, nicht über sich selbst!) Es gibt aber Sätze, die mehrdeutig bleiben, z. B.

○ Er ließ den Monteur drei Tage *für sich* arbeiten.

Wenn man hier das Personalpronomen „ihn" einsetzt, dann kann es nur eine dritte Person meinen, für die gearbeitet wird. Das Reflexiv aber läßt sich ebenso auf das Subjekt „er" wie auf das Akkusativobjekt „Monteur" beziehen. Auch ein verstärktes „für sich selbst" ändert daran nichts. Manchmal ergibt sich aus dem Zusammenhang des Textes, was gemeint ist. Doch sollte man besser den Sachverhalt von vornehmein anders ausdrücken, damit eindeutig klar wird, ob der Monteur für den Auftraggeber oder für seine eigenen Zwecke arbeitet.

Sie sah ihn auf sich zukommen

Sätze wie der eben angeführte werden nicht nur mit *lassen* gebildet, sondern auch mit Verben wie *sehen, hören, fühlen, machen, finden* und – in gehobener Sprache – mit *heißen* im Sinn von „auffordern" *(er hieß ihn eintreten).* In Anlehnung an die lateinische Grammatik spricht man hier vom a. c. i. (lat. accusativus cum infinitivo = Akkusativ mit Infinitiv):

○ Sie sah den Mann herankommen (= Sie sah den Mann. Er kam heran. – Sie sah, wie der Mann herankam, sie sah ihn herankommen).

Der a.-c.-i.-Satz faßt also zwei Vorgänge zusammen, von denen jeder durch ein Verb ausgedrückt wird (in unserem Beispiel *sehen* und *herankommen*). Zwei Sätze werden so verbunden, daß das Subjekt des zweiten Satzes zum Akkusativobjekt des ersten Satzes wird und das Prädikat des zweiten Satzes die Form des Infinitivs erhält.

Soll nun in einem solchen Satz eine reflexive Beziehung angegeben werden, dann genügt im allgemeinen das Reflexivpronomen

a) beim Bezug auf das Akkusativobjekt:

○ Er sah den Zug *sich* nähern (der Zug näherte sich). Er hörte den Mann *sich* erschießen (der Mann erschoß sich).

b) beim Bezug auf das Subjekt, wenn vor dem Pronomen eine Präposition steht:

○ Er hörte den Fremden die Treppe *zu sich* heraufsteigen (der Fremde stieg die Treppe zu ihm herauf). Er sah die Frau *auf sich* zustürzen (die Frau stürzte auf ihn zu). Sie sah die Kinder *um sich* herumspringen (die Kinder sprangen um sie herum). Der Junge hörte die Leute *über sich* lachen (die Leute lachten über ihn).

Bei dem letzten Beispiel freilich darf man wohl Zweifel haben. Die Leute könnten ja auch über sich selbst lachen. Aber dieses lobenswerte Verhalten ist so selten, daß der Satz wohl doch meist richtig verstanden wird: Die Leute lachten über den Jungen.

Anders aber ist dieser Satz:

○ Der Kranke hörte die Schwester *mit sich* sprechen, aber er verstand sie nicht.

Spricht die Schwester mit dem Kranken, oder spricht sie mit sich selbst, hält sie ein Selbstgespräch? Hier kann man wirklich das Reflexiv nicht gebrauchen, aber es ist auch nicht üblich, „mit ihm sprechen" zu sagen. Man muß den Satz anders formulieren:

○ Der Kranke hörte, daß (oder: wie) die Schwester mit ihm sprach.

Die Regel b ist also mit Vorsicht zu genießen. Dennoch führen wir beide Regeln noch einmal auf:

● Bei Bezug auf das Akkusativobjekt steht im a.-c.-i.-Satz das Reflexivpronomen: *Er sah den Zug sich nähern.*

● Bei Bezug auf das Subjekt steht das Reflexivpronomen, wenn ihm eine Präposition vorangeht: *Er sah die Frau auf sich zustürzen.*

Dazu kommt nun eine dritte Regel:

● Bei Bezug auf das Subjekt des a.-c.-i.-Satzes wird statt des Reflexivs das Personalpronomen gebraucht, wenn k e i n e Präposition davorsteht.

Betrachten wir die Beispiele:

○ Er sah das Mädchen *ihm* zulächeln (das Mädchen lächelte ihm zu). Er hörte den Schaffner *ihm* etwas zurufen (der Schaffner rief ihm etwas zu). Er sah den Jungen *ihn* anlachen (der Junge lachte ihn an).

Stünde hier „sich", der Zuhörer würde stutzen und den Kopf schütteln: Kann man sich selber zulächeln oder sich selber anlachen? Die

Übereinstimmung mit dem oben besprochenen Typ a „Er sah den Zug sich nähern" ist doch zu groß. Man nimmt also lieber in Kauf, daß auch das Pronomen *ihm* oder *ihn* nicht eindeutig ist. Das Mädchen könnte ja auch einem Dritten zulächeln; Mädchen sind manchmal so.

sich gegenseitig/einander

Wir haben es gesehen: Fürwörter haben ihre Tücken. Und schon gar das Reflexivpronomen! Wie ist es denn mit folgenden beiden Sätzen?

○ Die Experten rauften sich die Haare. Die Experten gerieten sich in die Haare.

Ein ratloser Experte, der sich die Haare rauft, bringt nur die eigene Frisur in Unordnung. Aber zwei, die sich in die Haare geraten, haben es heftig miteinander zu tun. Hier bezeichnet das Reflexivpronomen also eine wechselseitige Beziehung (man nennt sie auch, wie in der Mathematik, „reziprok"). Wird sie noch heftiger, dann heißt es wohl:

○ Sie rauften sich die Haare aus.

Aber das könnte auch jeder mit den eigenen Haaren tun. Machen wir den Satz also eindeutig:

○ Sie rauften *sich gegenseitig* die Haare aus.

Dieses „sich gegenseitig" ist überall da am Platze, wo einfaches „sich" mißverständlich wäre:

○ Sie trösteten sich gegenseitig. Sie vertrauten sich gegenseitig. Sie beglückwünschten sich gegenseitig zu ihrem Erfolg.

Diese Verben können mit dem bloßen Reflexiv auch ein Verhalten zur eigenen Person ausdrücken *(ich tröste mich, ich vertraue mir).* Überflüssig ist das Wort „gegenseitig" aber bei Verben oder in Sätzen, die sowieso schon eine wechselseitige Beziehung ausdrücken:

○ Sie begegneten sich auf der Straße. Sie küßten sich. Sie stritten sich und vertrugen sich wieder. Sie reichten sich die Hand.

Statt „sich gegenseitig" sagt man auch „einander". Dieses Wort gehört aber mehr der gehobenen Sprache an *(sie begegneten einander vor Gericht),* es kann sogar gespreizt wirken *(sie küßten einander; morgen treffen wir einander).* Manchmal klingt es aber doch besser als das etwas umständliche „sich gegenseitig". Und ganz geläufig ist es in Verbindung mit Präpositionen, mit denen es bekanntlich immer zusammengeschrieben wird: *aneinander, füreinander, nacheinander* usw.

Wer jedoch die Wechselseitigkeit mit „sich einander" oder „einander gegenseitig" ausdrückt, tut des Guten zuviel. So geschieht es in den folgenden Sätzen:

○ Es tanzten drei *sich einander* ablösende Laiengruppen. (Besser: sich ablösende oder einander ablösende.) Wir müssen *uns einander* helfen. (Besser: einander helfen.) Sie schadeten *einander gegenseitig.* (Besser: sich gegenseitig.)

Man nennt so etwas Pleonasmus (überflüssige Häufung sinngleicher oder sinnähnlicher Wörter). Aber das ist vor allem ein Begriff der Stilkunde und soll in unsern grammatischen Betrachtungen nur am Rande erwähnt werden. Wir wollen doch nicht „uns einander gegenseitig" ins Gehege kommen!

Leicht zweckentfremdet: nachdem

„Nachdem du mein Freund bist, könntest du mir mal 10 Mark leihen." –

Sie brauchen sich nicht angesprochen zu fühlen, lieber Leser! Aber Sie dürfen sich wundern. Die zwei Stammtischbrüder, zwischen denen dieser Satz gefallen ist, kennen sich nämlich schon sehr lange. Sie wollen nicht erst Freunde werden, und sie haben auch nicht gerade erst Brüderschaft getrunken. Hier stellt nur der eine fest, daß der andere sein Freund ist, und deshalb...

Wir würden sagen:

○ *Weil* du mein Freund bist, könntest du mir einmal 10 Mark leihen.

„Nachdem", das hier für „weil" oder „da" gebraucht wird, darf in korrektem Deutsch nur einen Zeitsatz einleiten, es ist eine t e m p o - r a l e Konjunktion, und zwar eine, die V o r z e i t i g k e i t ausdrückt:

○ Nachdem er *gegessen hatte, ging* er an die Arbeit. Nachdem wir Freunde *geworden waren, trafen* wir uns oft zu gemeinsamen Spaziergängen. Nachdem sich der Vorhang *geöffnet hat, sieht* man zuerst gar nichts.

Wir sehen: Bei *nachdem* steht entweder das Plusquamperfekt (die Vorvergangenheit), dann steht der Hauptsatz im Präteritum (in der 1. Vergangenheit). Oder es steht das Perfekt (die 2. Vergangenheit), dann ergibt sich für den Hauptsatz das Präsens (die Gegenwart). Der Nebensatz mit *nachdem* kann auch Nachsatz sein:

○ Er ging an die Arbeit, *nachdem er gegessen hatte.* Man sieht zuerst gar nichts, *nachdem sich der Vorhang geöffnet hat.*

Es gibt nun auch – aber seltener – Fälle, wo beide Teilsätze in der gleichen Zeitform erscheinen:

○ *Nachdem wir nun Freunde sind, bleiben wir zusammen.*

Hier wird ein Zustand geschildert, der noch andauert; aber das *nachdem* und das *nun* drücken aus, daß dieser Zustand irgendwann begonnen hat. Und solche Sätze können einen kausalen Nebensinn enthalten: *Nachdem wir Freunde sind – Weil/Da wir Freunde sind.*

In der älteren Sprache, aber auch bei Luther, hatte sich daraus ein förmlicher kausaler Gebrauch von *nachdem* entwickelt. So schreibt z. B. der Elsässer Jörg Wickram in seinem „Rollwagenbüchlein" (1555): *Als sie ihn sahen kommen, nachdem die Gaß ziemlich lang war,...* Und im oberdeutschen landschaftlichen Sprachgebrauch sind auch solche Sätze ziemlich häufig, wie sie unser Eingangsbeispiel darstellt. Sogar in amtlichen Verlautbarungen und Presseberichten finden sie sich:

○ Rund 750 türkische Gastarbeiter weigerten sich, ein Kino ... zu verlassen, *nachdem der Schluß des Films nicht gezeigt wurde.*

○ *Nachdem die Fraktion diesem Wunsch nicht entsprach,* wiederholten die Delegierten des jüngsten Kreisparteitages ihr Anliegen mit Nachdruck.

○ Wir wollten Ihnen dies alles einmal sagen, *nachdem in wenigen Wochen dieses Jahr zu Ende geht und der Lohnsteuerjahresausgleich 1969 vor der Tür steht* (Rundschreiben der nordbadischen Steuerbevollmächtigten).

○ *Nachdem jedoch keine Aussicht bestand und besteht,* in absehbarer Zeit einen Behördenneubau zu erstellen, *und es nicht vertretbar erschien,* den Bauplatz auf lange Zeit unbebaut zu lassen, hat sich das Finanzministerium bereiterklärt, ... den Verkauf vorzuschlagen (Brief des baden-württemb. Finanzministeriums, Juli 1971).

Ein wenig klingt der Zeitbezug in diesen Beispielen noch an: Die Voraussetzung ist ja bereits eingetreten, wenn die Folgerung daraus gezogen wird. Nur das dritte Beispiel bezieht sich allein auf den Grund. Denn als der Text geschrieben wurde, war das Jahr noch gar nicht zu Ende.

Doch ist das kausale *nachdem* auch anderswo in Deutschland zu finden. Eine rheinische Ersatzkasse schreibt im Januar 1970:

○ *Nachdem Ihnen die Berufsgenossenschaft bisher keinen Rentenbescheid zukommen ließ,* vermuten wir, daß...

Und eine Großbank teilt um die gleiche Zeit ihren Kunden in der ganzen Bundesrepublik mit:

○ *Nachdem durch den Hinweis „FUNK/TEL" in der Spalte Buchungstext des Kontoauszuges die Art der getroffenen Buchung ausreichend erläutert wird,* wollen wir künftig von der Beilage einer gesonderten Buchungsanzeige absehen.

Und aus Hamburg kommt ein Wirtschaftsbericht:

○ Genügend liquide Mittel…sind vorhanden, *nachdem S. den im Februar eingezahlten Kapitalanteil…wieder zurückzahlt.*

Hier zeigt sich doch deutlich, daß die Konjunktion *nachdem* gar nicht mit Überlegung eingesetzt wird, sondern als bequemes Versatzstück, das zudem zwei Fliegen auf einmal zu schlagen scheint: ein bißchen Zeitbezug, ein bißchen Begründung. Aber keins von beiden wird recht klar. Denn der Zeitbezug, das sahen wir schon, verlangt ein Tempus der Vorzeitigkeit (Plusquamperfekt oder Perfekt), und die Begründung muß man erst nachträglich in den Satz hineinlesen, weil man *nachdem* nur als temporale Konjunktion kennt.

Gewiß ist diese Entwicklung nicht einmalig unter den deutschen Konjunktionen. Das ähnlich gebildete *indem* drückt die Gleichzeitigkeit aus, aber auch die Art und Weise eines Vorgangs, und *während,* das aus dem 1. Partizip von *währen* „dauern" entstanden ist *(bei während Nacht – während der Nacht*), drückt außer der Gleichzeitigkeit auch den Gegensatz aus *(während sie weint, lacht er).* Aber hier bleibt doch für alle Anwendungen der Tempusbezug unverändert. Bei *nachdem* dagegen hat die kausale Verwendung dazu geführt, daß auch im temporalen Bereich große Unsicherheit eingerissen ist. Man setzt Präsens neben Präsens, Präteritum neben Perfekt, Präteritum neben Präteritum usw., ohne zu beachten, daß die jeweils erste dieser Zeitformen gar keine Vorzeitigkeit zum Ausdruck bringen kann:

○ Dann müssen alle den Omnibus verlassen, der nun inspiziert wird. *Nachdem auch die Überprüfungen* der Reserveräder, der Reparaturkästen… *keinen Anhaltspunkt ergeben,* darf das Fahrzeug nach insgesamt etwa einer halben Stunde passieren.

○ *Nachdem gestern früh der höchste Pegelstand abgelesen wurde und das Wasser langsam, aber stetig fällt,* ist der Mut hinter den Sandsackbarrieren wieder gestiegen.

○ Unser Bild zeigt eine Einwohnerin von Nairobi, die sich vor dem Krankenhaus zu Boden warf, *nachdem sie von dem Tode des Ministers hörte.*

Hier wird nun, so scheint uns, wirklich die Sprache vernachlässigt. Muß das sein? Warum sagt man nicht: … *keinen Anhaltspunkt ergeben haben…; …abgelesen worden war und nun das Wasser …fällt…; …als sie vom Tode des Ministers hörte?*

Bleiben wir also bei der Regel, verwenden wir *nachdem* nur in Zeitsätzen! Und weil das Geschehen im Hauptsatz „n a c h   d e m" ablaufen soll, was im Nebensatz geschildert wird, achten wir auf die richtige Zeitenfolge:

● Nachdem er gekommen war (Plusquamperfekt), gingen wir (Präteritum).

● Nachdem er gekommen ist (Perfekt), gehen wir (Präsens).

Weil das sind so krasse Ansichten

Wie bitte? Nein, das ist nun wirklich kein deutscher Satz. Und warum nicht? Mit „weil" werden Kausalsätze, Begründungssätze eingeleitet:

○ Wir freuen uns, *weil heute Besuch kommt.* Er kann nicht arbeiten, *weil er krank ist.* Ich mag diese Leute nicht, *weil das so krasse Ansichten sind.*

Immer steht in diesen Sätzen die Personalform des Prädikats am Ende. Wer möchte es anders lesen: *... weil heute kommt Besuch; ... weil er ist krank; ... weil das sind so krasse Ansichten?* Wir wissen doch, daß die Kausalsätze Nebensätze, abhängige Sätze sind und daß sie die gleiche Wortstellung haben müssen wie alle abhängigen Sätze mit Einleitewort. Es heißt: „Er wurde krank", aber:

○ *als er krank wurde; obwohl er krank wurde; wenn er krank wurde; da/weil er krank wurde.*

Und doch hören wir in Gesprächen immer wieder Sätze wie die folgenden:

○ *... weil das hat meine Mutter für 5 Mark auf dem Flohmarkt geholt.* – Das ist auch schlecht, *weil um halb zehn gibt es dort keinen Parkplatz mehr.* – Am Mittwoch will er [ein überanstrengter Lehrer] mal zu Hause bleiben, *weil da hat er am wenigsten Stunden.* – Wir haben nie gefroren in Schweden, *weil die Kälte da, das ist immer eine trockene Kälte.*

Diese „Hörbelege" sind die Ausbeute eines einzigen Wochenendes, sie stammen von Menschen verschiedenster Altersstufen. Den Satz unserer Überschrift hat ein Ostberliner Kind im Oktober 1981 im Fernsehen gesprochen. Aber keiner unserer Gewährsleute würde wohl solche Sätze s c h r e i b e n – allenfalls in einem privaten Brief. Sie sind deutlich das Ergebnis unkontrollierter, lebhafter Sprechweise.

Mit dieser Feststellung kommen wir wohl einer Erklärung näher. Der Sprecher will eine Begründung geben, er setzt an: „weil ..." Aber der Inhalt der Begründung füllt sein Denken so aus, drängt sich so vor, daß ein Hauptsatz daraus wird. Besonders schön zeigt das unser letztes Beispiel: „*... weil die Kälte da, das ist immer eine trockene Kälte*" (statt: *weil die Kälte dort immer trocken ist*).

Steht also „weil" hier nicht mehr als unterordnende Konjunktion, sondern nebenordnend vor einem Hauptsatz?

Manchmal, aber nur manchmal, macht der Sprecher nach dem „weil" eine kleine Pause. So versieht der „Stern" (Nr. 48/1981, S. 129) die Äußerung eines sechsjährigen Mädchens mit einem Komma hinter dem „weil":

> O (mit Ausländerkindern wolle sie nichts zu schaffen haben), „*weil, die können nicht ordentlich Deutsch sprechen* und überhaupt –"

Man hätte hier auch einen Gedankenstrich oder Doppelpunkt setzen können. Der Grammatiker nennt so etwas einen Satzbruch, ein Anakoluth: Der mit „weil" begonnene Satz wird nicht fortgeführt, sondern sprunghaft ein neuer begonnen. In der Schule sagt der Lehrer: „Du fällst aus der Konstruktion!"

Einen solchen Vorwurf läßt man nicht gern auf sich sitzen. Aber die meisten, die das „weil" so verwenden, sind ja schon über den Satzbruch hinausgelangt, sie machen keine Pause, sondern leiten tatsächlich einen Hauptsatz mit „weil" ein.

Diese Konjunktion ist aber im deutschen grammatischen System der Kausalbeziehungen unentbehrlich zur Einleitung von Nebensätzen. Neben dem gleichfalls kausalen, aber schwächeren „da" wird sie überall gebraucht, wo für das Geschehen im Hauptsatz ein gewichtiger, neuer Grund angeführt werden soll. Nehmen wir ein Beispiel: Der Satz „Da ich ihn kenne, vertraue ich ihm" stellt fest, daß die Voraussetzung für das Vertrauen vorliegt: „da ich ihn kenne." Anders der Satz „Ich vertraue ihm, weil ich ihn kenne." Hier wird der Grund für das Vertrauen betont nachgetragen, und die Unterordnung des weil-Satzes gibt dem kausalen Zusammenhang ein Gewicht, das die bloße Nebenordnung nicht erreicht. Als nebenordnende kausale Konjunktion haben wir „denn": „Ich vertraue ihm, denn ich kenne ihn." Das sind zwei Feststellungen, beide in Hauptsatzform, die das „denn" aufeinander bezieht.

Dringt nun „weil" in die nebenordnende Funktion des „denn" ein? Löst sich die kausale Beziehung von Haupt- und Nebensatz in bloße Satzreihen auf? Das wäre schade. Vor allem aber: Es geht nicht an, daß eine Konjunktion nach Bedarf unterordnende oder nebenordnende Funktion hat; unsere Sprache würde in einem wesentlichen Bereich mehrdeutig und unklar.

Achten wir also darauf, daß solche Sätze nicht überhandnehmen! Hüten wir die eigene Zunge!

Beim Heimgang unseres lieben Entschlafenen

„Nach kurzer, schwerer Krankheit, doch für uns völlig unerwartet, verstarb …" – „Plötzlich und für uns alle unfaßbar verschied …"

So beginnen zwei Todesanzeigen, die zufällig nebeneinander in der Zeitung stehen. Ganz ähnlich sind sie sich im Aufbau des Textes, aber uns scheint doch, als sei die zweite sprachlich nicht ganz in Ordnung. Was stört uns hier?

Bei der ersten Anzeige ist die Aussage ganz klar: Es wird bekanntgegeben, daß eine Familie ihren Vater, Schwiegervater, Großvater usw. verloren hat, und zugleich wird das Wie näher erklärt: *nach schwerer Krankheit* und doch *unerwartet.* Die zweite Anzeige aber enthält im Grunde zwei getrennte Mitteilungen: Hier ist eine liebe Frau und treusorgende Mutter gestorben, und dieses furchtbare Geschehen können die Angehörigen noch nicht fassen. *Unfaßbar* gibt also nicht Antwort auf die Frage, wie jemand gestorben ist, sondern es drückt die Folge, die Wirkung dieses Todesfalles aus.

Die Frage, die wir uns stellen müssen, lautet also: Kann ein Mensch „für uns unfaßbar sterben", so wie er „für uns unerwartet sterben" kann? Mit anderen Worten: Kann das Adjektiv *unfaßbar* als Umstandsbestimmung bei einem Verb stehen? Die Grammatik nennt das den adverbiellen Gebrauch eines Adjektivs (z.B. *schnell* laufen, er läuft *schnell*), und der ist bei den meisten Adjektiven auf *-bar,* die von Verben abgeleitet sind, vom Sinn her nicht möglich. So auch bei *unfaßbar.* Was wir nicht fassen können, ist nicht das Sterben an sich, sondern die Tatsache, daß es jetzt, unter diesen Umständen einem uns nahestehenden Menschen widerfuhr. Das aber drückt der Satz „Für uns alle unfaßbar verschied unsere liebe Mutter" eben nicht aus. Ja, er könnte sogar die abwegige Vorstellung erwecken, als sei die Mutter selbst nun unfaßbar (nicht mehr zu fassen, zu erreichen)! Es gibt *unfaßbares Leid, Unglück* oder auch *Glück,* man kann empfinden, daß ein Schicksal *unfaßbar schwer* ist, aber ein Mensch kann weder „unfaßbar sein" noch „unfaßbar sterben".

Auch die folgenden Anzeigen sind grammatisch falsch:

○ Für uns alle unfaßbar, verloren wir heute durch einen tragischen Unfall, unseren lieben Sohn, Bruder …

○ Durch einen tragischen Unfall ist für uns unfaßbar unser aller Sonnenschein, unser lieber Sohn, Bruder … für immer von uns gegangen.

○ Unvergeßlich für uns hat sich ein Leben voller Fleiß, Pflichten und Fürsorge, belohnt mit Erfolg, Glück und Segen erfüllt.

Bei der ersten kommt zu dem, was eben besprochen wurde, noch das falsche Komma hinter „Unfall" hinzu. Es trennt ja Subjekt und Prädikat „verloren wir" von dem Objekt „unseren lieben Sohn". In der dritten dagegen f e h l e n zwei Kommas, denn die Worte „belohnt mit Erfolg, Glück und Segen" sind eine nachgestellte Beifügung zu „Leben", die einen Nebensatz „das mit Erfolg... belohnt war" vertritt und als sogenannte Partizipialgruppe durch Kommas abgetrennt werden muß; ebenso ist „unvergeßlich für uns" eine Wortgruppe für sich, nach der ein Komma folgen muß. Hier hat man nur – stilistisch durchaus mit Recht – das Wort „geworden" eingespart: „Für uns unvergeßlich [geworden], hat sich ein Leben voller Fleiß..., belohnt mit Erfolg, Glück und Segen, erfüllt" – so wäre der Satz richtig gebaut! In der jetzigen Fassung sagt er aus: „Unvergeßlich... hat sich ein Leben... erfüllt", und da sind die gleichen Bedenken anzumelden, wie sie für „unfaßbar" gelten: auch „unvergeßlich" kann man nicht adverbiell gebrauchen.

Und die zweite Anzeige? Man kann durch einen Unfall *verletzt, gelähmt werden, ums Leben kommen, sterben.* Der Unfall ist, grammatisch gesprochen, das Mittel, durch das etwas geschieht. Man kann aber nicht „durch einen Unfall *von uns gehen*"!

Es ist menschlich verständlich und auch sprachlich dem Stil von Todesanzeigen angemessen, wenn man die harte Tatsache des Sterbens umschreibt. Man sagt:

> ○ Er oder sie verschied, wurde abberufen, heimgerufen, entschlief, verließ uns, wurde von seinen/ihren Leiden erlöst, ist heimgegangen, für immer von uns gegangen u. ä.

Aber diese Hüllwörter müssen sprachlich in den Text hineinpassen; man kann sie nicht einfach austauschen, ohne auch die anderen Teile des Satzes entsprechend zu ändern.

In der gleichen Samstagsausgabe der Zeitung, der wir unsere beiden ersten Zitate entnahmen, stehen 24 Danksagungen. 16 davon gebrauchen Wendungen wie „beim Heimgang unseres lieben Entschlafenen", „zum Heimgang unserer lieben Verstorbenen" oder ähnlich. Hier wird durch die Verbindung zweier Hüllwörter, deren Bedeutung sich zum Teil überdeckt, die Aussage unlogisch: *Heimgang* umschreibt ja das Wort „Tod"; *zum Tode eines Verstorbenen* kann es aber keine Anteilnahme geben, denn ein „Verstorbener" oder „Entschlafener" ist der Mensch ja erst n a c h seinem Tode. Die solche Anzeigen aufgeben, wollen damit vermeiden, noch einmal die ganzen Verwandtschaftsverhältnisse zu nennen, wie sie einige Zeit vorher in der Todesanzeige gestanden hatten. Aber warum heißt es nicht schlicht und einfach „beim Tode unseres / unserer lieben..." (folgt der Name)?

Häufig liest man Formulierungen wie:

○ *Heimgekehrt* vom Grabe unseres lieben Entschlafenen, ist es *uns* ein Herzensbedürfnis, allen denen zu danken, die...

Auch dieser Satz ist grammatisch nicht ganz sauber. Das Partizip „heimgekehrt" bezieht sich natürlich auf ein Subjekt. Aber dieses Subjekt ist versteckt in dem Wörtchen „uns". Nicht das „Herzensbedürfnis" ist heimgekehrt, sondern „wir". Brauchen wir überhaupt solch gefühlsbetonte Ausdrücke? Schlichter und grammatisch einwandfrei wäre folgender Satz:

○ Heimgekehrt vom Grabe unseres lieben..., möchten wir all (oder: allen) denen danken, die...

Eine ganz andere Fehlerquelle gibt es bei den frohen Anzeigen: Vor lauter Vornehmheit des Ausdrucks bringt man die Personalformen durcheinander. Da heißt es etwa:

○ Die Verlobung *unserer* Tochter ... mit Herrn ... *beehren sich anzuzeigen*...

○ Die glückliche Geburt *unseres* Sohnes ... *zeigen* in Dankbarkeit und großer Freude *an*...

○ Die Vermählung *unserer* Tochter ... mit Herrn ... *geben bekannt*...

Statt also schlicht und einfach zu sagen „zeigen *wir* an", „geben *wir* bekannt", zieht man die unpersönliche 3. Person vor und merkt nicht, daß das Possessivpronomen *unser* nur in Verbindung mit der 1. Person gebraucht werden kann. Sonst müßte es natürlich „*ihrer* Tochter" und „*ihres* Sohnes" heißen.

Nun, zum Glück werden solche frohen Familienanzeigen seit einigen Jahren wesentlich lockerer. Man läßt sich manches einfallen, ist nicht mehr so formelhaft. Da zeigt symbolisch ein Kind selbst seine Geburt an: „Ich heiße ..., bin geboren am ..., bin ... cm lang, wiege ... Meine Eltern sind", da führt es sich ein mit „Hurra, da bin ich!", da grüßt es selbst mit fröhlichem „Guten Tag!". Sogar vom „Baujahr" eines Kindes ist einmal scherzhaft die Rede, und Größe und Gewicht werden wie technische Daten angeführt. Hochzeiter kündigen an: „Wir haben es gewagt", und manchmal gibt ein Paar auch zu, daß es seine „wilde Ehe" nun legalisiert habe. Warum freilich neuerdings immer wieder Geburtstagskinder mit Anzeigen beglückt werden, die sonst niemanden interessieren, das ist eine Geschmackssache. Besonders wenn man dann nach dem Schema „Reim dich, oder ich fress' dich" die wichtige Mitteilung „unsre Oma wird heut dreiundsechzig Jahr" mit einem geistreichen „das ist wahr!" bekräftigt.

Daß es mit den Kommas so seine Schwierigkeiten hat, wurde oben schon erwähnt. Hier sollte doch vielleicht auch der Setzer von sich aus korrigieren, statt daß man nachher findet:

○ Nach langer, mit großer Geduld ertragener, Krankheit ist meine liebe Frau ... von ihren Leiden erlöst worden.

Oft werden ja Anzeigen auch telefonisch durchgegeben, da muß die Zeitung sowieso für die richtige Interpunktion sorgen. Und wie steht es mit einer Geburtsanzeige, in der zu lesen ist: „Rainer, Thomas", darunter „geboren am ..." und dann Name und Adresse der Eltern? Sind hier Zwillinge zur Welt gekommen? Nein, das Kind hat nur, wie es häufig geschieht, zwei Vornamen bekommen, und die Eltern setzten ein falsches Komma dazwischen, als sei es eine Aufzählung. Mehrere Vornamen müssen natürlich ohne Komma nebeneinanderstehen: *Wolfgang Amadeus* Mozart, *Johann Wolfgang* von Goethe. In alten Familienpapieren begegnen uns zuweilen Personen mit vielen Vornamen, etwa eine *Cäcilie Henriette Thekla Mathilde* – mit dem schlichten Nachnamen Müller. Auch hier wären Kommas fehl am Platze.

Immer das gleiche – nicht immer dasselbe

Da hingen im Kaufhaus zwei Kleider auf der Stange. Sie waren zum Verwechseln ähnlich: dieselbe Farbe, derselbe Schnitt, dieselbe Größe. Zwei gute Freundinnen kamen herein, waren begeistert und – so etwas soll vorkommen – kauften die guten Stücke.

Nun gehen sie in den neuen Kleidern zusammen spazieren. Tragen sie *dasselbe* Kleid? Bewahre, sie stecken doch nicht in einer gemeinsamen Hülle! Jede hat ihr eigenes Gewand. Aber sie tragen beide *das gleiche* Kleid.

Anders gesagt: Das Demonstrativpronomen *derselbe, dieselbe, dasselbe* (immer in e i n e m Wort geschrieben!) drückt eine Identität aus. Wenn zwei konkrete Einzelstücke gemeint sind, kann man nicht *dasselbe* sagen, sondern nur *das gleiche,* d. h. ein Stück von gleicher Art (*der gleiche* usw. schreiben wir immer getrennt und klein!).

Soweit ist alles die alte, wohlbekannte Regel. Aber sie gilt nur mit Vorbehalt, wie uns gleich ein anderes Beispiel zeigen soll:

Wenn ein Gast im Restaurant, mit einem Blick auf den Nachbartisch, wo der Ober gerade bedient hat, ruft: „Bitte bringen Sie mir *dasselbe*!", dann meint er natürlich nicht, daß des Nachbarn Schüsselinhalt auch auf s e i n e n Teller kommen soll, sondern er will, daß ihm dieses Gericht, wie es auf der Speisekarte steht, ebenfalls gebracht wird. Identität gibt es nicht nur beim konkreten Einzelgegenstand, sondern auch in der Art oder Gattung.

Der Gast hat sich also ganz korrekt ausgedrückt, als er sagte: „Bringen Sie mir *dasselbe!*" Er hätte ebensogut sagen können: „Bringen Sie mir *das gleiche!*" In jedem Fall meint er damit die Identität der Gattung.

Und auch in unserm ersten Beispiel kann eine der Damen sagen: „Meine Freundin hat *dasselbe* Kleid" (verstärkt: *ganz dasselbe, genau dasselbe* Kleid), d. h. ein Kleid von derselben Farbe, demselben Schnitt, derselben Größe.

Im allgemeinen ergibt sich aus dem Zusammenhang, welche Identität gemeint ist. Darum brauchen wir auch nicht so scharf zwischen den beiden Ausdrücken zu unterscheiden, wie das oft verlangt wird.

Sobald aber Verwechslungen möglich sind, ist es besser, für die Identität der Gattung *der gleiche* zu sagen. Denn *derselbe* betont doch stärker die Identität des Einzelgegenstands oder der Einzelperson:

○ Alle Bauern trugen *den gleichen* runden Hut. Mein Chef fährt *das gleiche* Auto wie ich. Die Mutter trägt heute *die gleiche* Bluse wie gestern die Tochter.

Wer in diesen Fällen *derselbe* sagt, läuft Gefahr, mißverstanden zu werden. „*Dieselbe* Bluse" gibt es wohl nur einmal in der Familie!

Fassen wir zusammen:

● Das Pronomen *derselbe, dieselbe, dasselbe* drückt ebenso wie *der gleiche, die gleiche, das gleiche* Identität aus. Die Identität kann sich auf ein Einzelwesen oder Einzelding beziehen oder auf eine Gattung. Wo eine Verwechslung möglich ist, verwenden wir *derselbe, dieselbe, dasselbe* nur, wenn wir „ein und dasselbe" Wesen oder Ding bezeichnen wollen.

Anscheinend hat er recht. – Nur scheinbar!

„Du hast mich scheinbar vergessen." So hatte es in seinem Brief gestanden. Und als sie ihn tadelte, nicht wegen des Vorwurfs, sondern wegen des falschen Wortgebrauchs, da mochte er das nicht auf sich sitzen lassen und schrieb zurück:

„Liebe Schulmeisterin, ist das nicht auch ein alter Zopf, den man abschneiden müßte, diese kleinliche Unterscheidung zwischen *scheinbar* und *anscheinend*? Warum soll ich *anscheinend* sagen, wenn ich etwas vermute, und *scheinbar* nur dann, wenn ich weiß, daß es in Wirklichkeit anders ist? Dieses *anscheinend,* ist es nicht ein recht blasses und künstliches Wort? Und überhaupt: In der ganzen Wortfamilie läßt sich gar keine strenge Scheidung durchführen, was dies und was jenes Wort bedeuten soll!

Sieh Dir doch einmal an, was ich hier zusammengetragen habe. Es heißt zwar auf der einen Seite:

O *Allem Anschein nach* (= offenbar, wahrscheinlich). *Es hat den Anschein, daß .../Aller Anschein spricht dafür, daß* ... (= Es sieht sehr danach aus, daß...)

Auf der anderen Seite aber steht:

O *Es entsteht der Anschein, als ob* (= Man hat den täuschenden Eindruck, als ob...) *Er erweckt den Anschein / Er gibt sich den Anschein, als ob...* (= Er tut so, als ob...)

Und bei *scheinen* ist es ähnlich. Im Sinne von „vermutlich, wahrscheinlich" steht es in Sätzen wie:

O *Er scheint krank zu sein. Das scheint zu stimmen. Es scheint, daß er sich geirrt hat. Das ist alles nicht wahr, scheint mir.*

Aber man sagt auch:

O *Das scheint nur so,* in Wirklichkeit ist es anders. *Sie schien zu schlafen,* aber sie hörte unser Gespräch.

Nur das Substantiv *Schein* ist wohl eindeutig:

O *Das ist alles leerer, bloßer, schöner Schein* (= Es steckt nichts Wirkliches dahinter!). *Der Schein trügt* (= In Wahrheit ist es anders!). *Er erweckte den Schein* (= das äußere Ansehen) *eines Ehrenmannes. Sie beteiligte sich nur zum Schein* (nicht wirklich).

Wenn das alles aber so unklar ist, warum wird dann verlangt, daß *anscheinend* nur im Sinn von ‚vermutlich, allem Anschein nach, wie es scheint' verwendet wird und *scheinbar* ausschließlich im Sinn von ‚nur zum Schein, nur dem äußeren Eindruck nach'? Vor allem: Warum soll ich *scheinbar* nicht gebrauchen, wenn ich meine: ‚Mir scheint, daß es so ist'? Andere tun es doch auch!"

Ja, der das schrieb, er hat doch anscheinend recht mit seinen Argumenten? – Nur scheinbar! In drei Punkten müssen wir ihm widersprechen.

E r s t e n s : Zwar kann man die Anwendungen von *Anschein, scheinen, Schein* tatsächlich nur schwer unterscheiden. Das liegt aber nicht an der Sprache, sondern es ist im Sachlichen begründet: Schein und Sein sind auch nicht immer reinlich zu trennen, und ob Vermutungen zutreffen, kann sich erst später herausstellen. Darum lassen sich die Wörter dieser Gruppe nur im Zusammenhang des Satzes richtig ver-

stehen. Sie brauchen einen Kontext, wie man sagt, einen begleiten-
den Text:

○ *Er scheint krank zu sein.* – *Das scheint nur so, in Wirklichkeit ist er nur
überarbeitet.*

○ *Aller Anschein spricht dafür, daß der Versuch gelingen wird. Sein Auftreten erweckt den Anschein, als wäre er reich; er ist aber ein Betrüger.*

Zweitens: Das Wort *anscheinend* gehört nicht zum Substantiv *Anschein,* sondern zu einem veralteten Verb *anscheinen* mit der Bedeutung „das äußere Ansehen haben, sich (in bestimmter Weise) zeigen". Es ist also das, was man ein isoliertes Partizip nennt, es hat keinen Anschluß mehr an das Konjugationssystem. Das ist vielleicht
auch der Grund, warum *anscheinend* so ungern in der Alltagssprache
gebraucht wird. Da sagt man lieber: „es scheint so", „wie es scheint"
oder „scheint's" oder auch „wohl":

○ Gibt es heute Regen? – *Es scheint so.* Er ist krank, *wie es scheint.* Du hast
scheint's vergessen, daß ich verreisen muß. Es ist *wohl* niemand zu Hause.

Drittens aber: Das Adjektiv *scheinbar* ist nicht zu *scheinen* gebildet,
sondern es gehört zu *Schein* in dessen alter Hauptbedeutung „Glanz,
Helligkeit": Mittelhochdeutsch *schīnbære* bedeutet „leuchtend, glänzend; sichtbar, deutlich, offenkundig", und die letztgenannten Bedeutungen hat *scheinbar* noch im 18. Jahrhundert gehabt. Ein *scheinbarer Beweis* war damals ein „augenscheinlicher, offenkundiger Beweis". Noch heute gebrauchen wir ja die verneinte Form *unscheinbar*
„was nicht auffällt, nicht in die Augen fällt". Dagegen ist *scheinbar*
dem Substantiv *Schein* in seiner übertragenen Bedeutung „[trügeri-
sches] Aussehen, Vorwand" gefolgt, und so steht es schon 1741 in
Johann Leonhard Frischs „Teutsch-Lateinischem Wörterbuch":
scheinbar, das scheint als wann es etwas wäre, speciosus, simulatus.
(Lat. *speciosus* ist „glänzend"; und was *simulieren* bedeutet, wissen
wir ja.)

Für Georg Christoph Adelung dann (1780) gilt nur noch diese Bedeutung des Wortes: *den Schein von etwas habend, ohne es wirklich zu
seyn, und in engerer Bedeutung, den Schein der Wahrheit habend ... ein
scheinbarer Vorwand, scheinbare Gründe. Eine scheinbare Tugend.*
Und Adelung kennt auch schon die besondere Verwendung des Wortes in der Astronomie: *Der scheinbare Ort eines Sternes, der Ort, wo
der Stern wirklich gesehen wird, aus welchem er uns in die Augen fällt,
im Gegensatze das wahren Ortes, wo er wirklich befindlich ist.* (Wer genau liest, der merkt, wie unser Wörterbuchschreiber hier die alte Bedeutung, die er eben noch als veraltet bezeichnet hat, mit der neuen
verknüpfen will!)

Doch kehren wir nun zur Gegenwart zurück! Beim Gebrauch von *anscheinend* werden wohl kaum Fehler gemacht, aber der falsche Gebrauch von *scheinbar* ist weit verbreitet. Zu nahe steht für viele das Adjektiv *scheinbar* beim Verb *scheinen.* Sie denken nicht daran, daß die Endung *-bar* in Verbindung mit Verben ein passivisches Verhältnis ausdrückt (*tragbar, eßbar, vergleichbar, berechenbar* „was getragen, gegessen, verglichen, berechnet werden kann"). Also: *scheinbar = was zu sein scheint,* diese Gleichung geht nicht auf!

Und wer *anscheinend* nicht verwenden mag, hat ja die oben genannten Möglichkeiten zur Auswahl. Bleiben wir darum bei der Regel – auch im alltäglichen Gespräch –, und freuen wir uns, daß wir die Möglichkeit zu deutlichem Ausdruck haben:

● Wer *scheinbar* sagt, weiß, daß es in Wirklichkeit anders ist: *Scheinbar dreht sich die Sonne um die Erde. Er ging nur scheinbar auf das Angebot ein. Er hörte mit scheinbarem Interesse zu.*

● Wer eine Vermutung aussprechen will, sagt *anscheinend (wie es scheint, scheint's): Du hast mich anscheinend vergessen. Anscheinend ist niemand zu Hause.*

Aber ni cht: *Euer ganzes Büro arbeitet scheinbar zwischen den Feiertagen!* Dieser Satz wäre schon fast eine Beleidigung!

Wenigstens und mindestens

Die beiden Adverbien *wenigstens* und *mindestens* bedeuten nicht ganz das gleiche. Nur in ei n er Verwendung kann man sie gegeneinander austauschen, nämlich im Sinne von „nicht weniger als":

○ Ich habe *mindestens/wenigstens* dreimal gerufen.

Aber selbst hier besteht noch ein Unterschied. *Mindestens* ist bestimmter, präziser. Es betont, daß die angegebene Zahl die untere Grenze des Möglichen darstellt:

○ *Ich habe mindestens dreimal gerufen* (sicher noch öfter). *Mindestens drei Täter sind an dem Einbruch beteiligt* (wahrscheinlich noch mehr). *Das Konzert dauert mindestens eine Stunde* (eher noch länger).

Wer hier *wenigstens* sagt, kann dasselbe meinen. Seine Äußerung wird aber nicht als so bestimmt aufgefaßt wie die des anderen, der *mindestens* gebraucht. Man wird ihm abnehmen, daß er dreimal gerufen hat, daß drei Täter gewiß nachzuweisen sind, daß das Konzert auf jeden Fall eine Stunde dauert. Die Anzahl k a n n auch höher, die Dauer länger sein, sie brauchen es aber nicht zu sein. Mit andern Worten: *Wenigstens* wird eher als Angabe der sicheren obersten

Grenze als der sicheren untersten Grenze verstanden. Die Blickrichtung ist der von *mindestens* sozusagen entgegengesetzt.

Mit Logik hat das nichts zu tun. Hier spielt anderes mit. Fast immer ist *mindestens* das Wort mit dem stärksten Ton im Satz, man betont damit die untere Grenze. Bei *wenigstens* kann der Ton mehr auf der Zahl liegen („so viel war es gewiß!"). Aber das ist nur ein Symptom, nicht die Ursache. Entscheidend ist, daß *wenigstens* auch noch in anderer Weise gebraucht wird, und zwar im Sinn von „immerhin" oder „jedenfalls".

In dem Satz

O *Er hat sich wenigstens entschuldigt*

kann man *mindestens* nicht einsetzen. Dieser Satz erkennt an, daß der Betreffende „immerhin" das Erforderliche getan hat. – Auch in dem Satz

O *Bei uns wenigstens ist das so*

kann man *mindestens* nicht verwenden. Hier steht *wenigstens* im Sinne von „jedenfalls".

Und diese anderen Bedeutungen, in denen das Adverb *wenigstens* sehr häufig gebraucht wird, wirken auf die oben genannte Anwendung zurück: Wer *wenigstens* als präzisen Ausdruck anwendet, kann nicht sicher sein, daß er auch präzise verstanden wird. Eindeutig ist nur *mindestens,* weil dieses Adverb keine andere Bedeutung hat.

Man kann allerdings auch sagen:

O *Du hättest dich mindestens entschuldigen sollen.*

Man meint damit: „Das ist das mindeste, was man von dir erwartet hat. Eigentlich hättest du sogar mehr tun müssen." Statt *mindestens* könnte es hier auch heißen: *zumindest, zum mindesten, als wenigstes.* – Ja, man könnte auch sagen:

O *Du hättest dich wenigstens entschuldigen sollen.*

Aber dann muß man das Adverb sehr stark betonen. Schreiben sollte man diesen Satz lieber nicht, denn *wenigstens* kann ja auch „immerhin" bedeuten, wie oben gezeigt wurde:

O *Er hat wenigstens an deinen Geburtstag gedacht. Man hat ihr wenigstens eine Rente gewährt. Es ist wenigstens kein edler Körperteil verletzt worden* (scherzhaft gesagt). *Sie hat sich wenigstens gut erholt. Du hättest dich wenigstens entschuldigen sollen.*

In allen diesen Sätzen liegt der Ton gewöhnlich nicht auf dem Adverb, sondern auf *Geburtstag, Rente, edler Körperteil, erholt* und *ent-*

schuldigen. So ist also eine gewisse Vorsicht geboten, wenn man *wenigstens* und *mindestens* anwenden will.

Betrachten wir nun noch einen anderen Unterschied zwischen den beiden Wörtern. *Wenigstens* ist das Adverb zu *wenigste, am, zum wenigsten,* dem Superlativ von *wenig:*

> O Das wissen *die wenigsten.* Dies macht *die wenigste Arbeit.* Sie kam, als ich es *am wenigsten* erwartete. Er hätte sich *zum wenigsten* entschuldigen sollen.

Mindestens gehört in derselben Weise zum Superlativ *mindeste, am, zum mindesten.* Aber zu diesem Superlativ gibt es nur den Komparativ *minder.* Der Positiv, d. h. die Grundstufe, die dem Adjektiv *wenig* entsprechen würde, fehlt hier. Sie war auch nie vorhanden, genausowenig, wie der verwandte lateinische Komparativ *minor* (Neutrum: *minus*) und der Superlativ *minimus* eine Grundstufe haben. Das System ist also unvollständig. Das Adjektiv *minder* wird im Sinne von „gering" gebraucht *(Waren von minderer Qualität, eine Frage von minderer Wichtigkeit).* Aber dieses Wort gehört doch mehr der gehobenen Sprache an, auch seine Zusammensetzungen sind typische Wörter der Schriftsprache: *minderjährig, der Minderbemittelte, Minderbegabte, minderwertig;* geläufiger ist – durch seine Anwendung im politischen und sozialen Bereich – die Ableitung *Minderheit.* Das superlativische Adverb *mindestens* dagegen lebt auch in der Alltagssprache, eben weil es als bestimmter Ausdruck neben *wenigstens* benötigt wird. So sehen wir hier, wie nahe verwandte, fast gleich klingende Wörter ganz verschiedenen Stilschichten angehören können. Der Sprachgebrauch richtet sich nicht nach Systemen, sondern er nimmt den angemessenen Ausdruck, wo er ihn findet.

Brauchst du Geld? – Das kann ich gut gebrauchen

Oft werden *brauchen* und *gebrauchen* verwechselt. Das zweite dieser Verben hat aber einen viel engeren Anwendungsbereich als das erste. Es darf nur im Sinne von „verwenden, benutzen" eingesetzt werden:

> O Das alte Rad kann ich noch gut *gebrauchen.* Er *gebrauchte* derbe Ausdrücke. Sie *gebraucht* das Heft als Tagebuch. Das ist ein *gebrauchter* (schon getragener) Anzug. Er hat den Wagen *gebraucht* gekauft.

Brauchen ist das ältere Wort. Es bedeutete ursprünglich „genießen, verwenden" (eigentlich: „Nahrung aufnehmen"), und so wurde es noch im älteren Neuhochdeutschen allein „gebraucht". Seine heutige Hauptbedeutung „nötig haben, benötigen" kommt erst im 17. Jahrhundert auf, und zwar zunächst in verneinten Sätzen: Was ich *nicht brauche,* d. h. „nicht benutze", das habe ich meist auch nicht nötig. (Von „nicht brauchen" haben wir später noch mehr zu sprechen, vgl. S. 115 f.) In diesem Sinne sagen wir also:

O Ich *brauche* Geld. Ich *brauche* deine Hilfe. Die Kinder *brauchen* neue Schuhe. (Mit Zeitangabe:) Er *braucht* (benötigt) drei Tage für diese Arbeit.

Aber auch die alte Bedeutung „verwenden" ist für *brauchen* durchaus noch üblich:

O Dieser Schriftsteller *braucht* zu viele Fremdwörter. Du mußt deinen Verstand mehr *brauchen.* Kannst du diese Sachen noch *brauchen?*

In solchen Sätzen, die völlig korrekt sind, trifft sich also *brauchen* mit *gebrauchen.*

Falsch ist es aber, wenn man nun umgekehrt *gebrauchen* im Sinne von „nötig haben" einsetzt. Man sage also nicht:

O Ich *gebrauche* noch mehr Geld. Sie *gebraucht* dringend ein neues Kleid. Auch nicht: Der Zug *gebraucht* eine Stunde bis Bremen.

In unserer Überschrift konnte es also nur heißen: *Brauchst du Geld?* Aber in Verbindung mit „können" ist beides möglich und hat den gleichen Sinn:

O Kannst du meine Hilfe *brauchen/gebrauchen?* (= Hast du Verwendung für meine Hilfe?)

Aus der Satzlehre

Wer brauchen ohne zu gebraucht...

...braucht brauchen gar nicht zu gebrauchen. – Grammatische Merkverse können ganz nützlich sein, vor allem im Fremdsprachenunterricht, wenn sie uns helfen, die Besonderheiten einer Sprache leichter zu behalten. Wer etwa das Verslein kennt, in dem die wenigen lateinischen Präpositionen versammelt sind, die nur den Ablativ regieren:

   ○ A, ab, absque, e, ex, de,
     cum und sine, pro und prae

– wer also dieses Verslein kennt, dem ist auch geholfen, wenn er eine andere Präposition anwenden muß. Heißt „nach dem Essen" *post coena* oder *post coenam*? Da *post* im Merkvers fehlt, wird es wohl den Akkusativ bei sich haben: *Post coenam stabis seu passus mille meabis.* („Nach dem Mahle sollst du ruhn oder tausend Schritte tun". Auch das ist ein Zitat aus Goethes „Götz"!)

Aber wir sprechen ja hier vom Deutschen, und speziell von „brauchen"! – Steht es mit oder ohne „zu" beim Infinitiv?

Es ist etwas bedenklich, bei einer lebenden Sprache mit einem Merkvers Grammatik zu treiben, und noch dazu mit einem, der uns so deutlich seine Meinung beibringen will. Immerhin, er hat es wohl nötig, dieser Vers. Fast täglich hören wir ja Sätze wie diese:

   ○ Er braucht heute nicht *arbeiten*. Du brauchst nicht *mitkommen*. Er
   braucht das ja nicht *bezahlen*. Sie hat nur *winken* brauchen, schon wurde
   sie bedient. Du brauchst nicht lange *warten*. Das brauchen Sie sich doch
   nicht immer gefallen *lassen*! Du brauchst erst morgen *anfangen*.

Das ist alles Alltagssprache, gewiß. In gepflegtem Deutsch würden die meisten ein „zu" vor den Infinitiv setzen, zumindest würden sie es s c h r e i b e n. Was geht hier vor? Das verneinte oder eingeschränkte „brauchen" mit dem Infinitiv besagt soviel als „du hast es nicht nötig, du kannst es tun oder nicht, du mußt es nicht tun; es muß nicht sein". Dieses „brauchen" modifiziert (verändert) also die Aussage des Infinitivs. Es hat eine ähnliche Funktion wie „drohen" und „versprechen" in der gleichen Verbindung:

   ○ Das Boot *drohte zu kentern* (wäre beinahe gekentert). Dieses Fohlen *verspricht* ein gutes Springpferd *zu werden* (wird allem Anschein nach ein gutes Springpferd werden).

Warum läßt man denn nun bei „brauchen" das „zu" weg, bei „drohen" und „versprechen" aber nicht? Es liegt wohl daran, daß das verneinte „brauchen" nichts andres als ein verneintes „müssen" ist.

○ *Du brauchst nicht kommen = Du mußt nicht kommen. – Muß es gleich sein? Nein, es braucht nicht gleich sein.*

In dieser Verwendung schließt sich „brauchen" also an die Reihe der Modalverben „müssen, dürfen, können, sollen" an, die alle mit dem reinen Infinitiv verbunden werden. Es stimmt auch noch in einer anderen Besonderheit mit den Modalverben überein. Im Perfekt heißt es nämlich:

○ Er hat nicht [zu] schreiben *brauchen.*

„Gebraucht" wäre hier falsch. Das Perfekt wird also wie bei einem Modalverb mit dem Infinitiv und nicht mit dem zweiten Partizip gebildet, vgl.:

○ Er hat nicht kommen *können* (falsch: nicht kommen gekonnt). Er hat verreisen *müssen* (falsch: verreisen gemußt).

Und noch etwas drittes gibt uns zu denken, auch wenn wir's beim besten Willen nicht als korrekt anerkennen können: In der dritten Person Singular wird manchmal das -*t* weggelassen: *Das brauch er nicht wissen.* Bei den Modalverben, die in der Sprachgeschichte eine eigene Konjugationsklasse gebildet haben, hat es dieses -*t* nie gegeben (er *kann,* er *darf,* er *soll,* er *muß* usw.). Wer heute in scheinbarer Nachlässigkeit „er brauch" sagt, würde doch nicht sagen: „Er rauch Zigarren" oder „Er tauch unter". So können wir auch diese Erscheinung als Angleichung von „brauchen" an die Gruppe der Modalverben ansehen.

„Wer brauchen ohne zu gebraucht ..." – was soll man nun sagen? Solche Sätze gelten noch weithin als umgangssprachlich, in der Schule werden sie als Fehler gerechnet, und auch in der gepflegten Schriftsprache möchte man sie nicht lesen. Halten wir also an dem „zu" bei „brauchen" ruhig fest, vergessen wir aber nicht, daß die Sprache manchmal andere Wege geht, als sie eine auf feste Regeln bedachte Grammatik vorschreiben möchte.

Rufst du mir an?

Dies ist ein Kapitel für die Süddeutschen und Schweizer. Aber andere Leser sollten vielleicht auch einmal darüber nachdenken.

Man kann einen Heiligen anrufen, man kann bei einem Streit das Schiedsgericht anrufen, oder der Wachtposten vor der Kaserne kann einen Passanten anrufen. In allen diesen Fällen wird wohl niemand einen anderen Kasus gebrauchen als den Akkusativ: *Ich rufe ihn an; ich rufe das Gericht an.* Ist aber vom Telefonieren die Rede, dann hört man im deutschen Südwesten und in der Schweiz auch von Gebildeten immer wieder Sätze wie: *Ich rufe Ihnen an; rufst du mir heute abend an?; vergiß nicht, ihm gleich anzurufen!* – Das ist landschaftliche Umgangssprache, aber keine Hochsprache. Nur der Akkusativ ist hier korrekt: *Ich rufe Sie, ich rufe dich an.*

Bei den deutschen Verben mit der Vorsilbe *an-* steht das Objekt fast durchweg im Akkusativ: *jemanden ansehen, ansprechen, angreifen, anführen; etwas anpacken, ansetzen, anbauen, anstreichen.* Ein Dativ der Person tritt nur in Verbindung mit einem Akkusativ der Sache auf: *jemandem seine Freude ansehen, seine Verlegenheit anmerken; sie hat mir ihren Besuch angekündigt.* Auch wenn das einfache Verb kein Objekt bei sich hat *(blicken, fallen, kurbeln, springen, starren, fechten),* fordert die Zusammensetzung mit *an-* gewöhnlich den Akkusativ: *jemanden anblicken, anfallen, anspringen, anstarren, etwas ankurbeln, anfechten.*

So ist auch für *anrufen* der Akkusativ das natürliche. Wo kommt aber der merkwürdige Dativ her? Nun, das einfache Verb *rufen,* das heute in der Hochsprache nur den Akkusativ bei sich hat *(ich rufe dich, ich rufe meinen Freund, meinen Hund),* wurde im älteren Deutsch gern mit dem Dativ verbunden. „Wer ruft mir?" spricht der Erdgeist in Goethes Faust. „Ruft ihr, sie soll heraus!" heißt es bei Grillparzer. Und in Klopstocks Messias steht der Vers „Nicht weil du mir riefst; dich zum Zeugen zu machen erschein' ich." Dieser alte Gebrauch des Dativs bei *rufen* ist im Südwesten, aber auch im Rheinland bis nach Köln neben dem des Akkusativs noch ganz geläufig: *Meine Mutter hat mir gerufen* oder *Der Jäger rief seinen Hunden* sagt man dort, aber auch: *Ich rief meinen Bruder und bat ihn, mir zu helfen* und nur: *Ich rufe den Arzt, die Polizei.* Da ist also landschaftlich ein feiner Unterschied erhalten geblieben, den die Hochsprache sonst aufgegeben hat. *Jemanden* rufen heißt „jemanden herbeirufen, kommen lassen". Aber *jemandem* rufen hat den Sinn „nach jemandem rufen, jemandem etwas zurufen": *er rief mir, ich solle kommen.*

In der Sache braucht kein Unterschied zu bestehen, aber die Blickrichtung des Sprechenden ist anders: Wer *jemandem* ruft, schickt einen Ruf aus nach ihm, wer *jemanden* ruft, zieht ihn herbei.

Der südwestdeutsche Dativ bei *anrufen* ist nun zweifellos vom einfachen *Ich rufe dir* her übertragen worden. Damit weicht aber die südwestdeutsche Umgangssprache völlig vom allgemeinen deutschen Sprachgebrauch ab. Denn der Verbzusatz *an-* drückt die Richtung auf ein Ziel so deutlich aus, daß hier nur der Richtungskasus, eben der Akkusativ, in Betracht kommt. Wie wir einen Freund aus dem Fenster heraus anrufen, damit er stehenbleibt und mit uns redet, so rufen wir ihn auch durchs Telefon an, damit er abhebt und antwortet. In der Grammatik gibt es da keinen Unterschied. Und deshalb muß die Frage in der Überschrift richtig lauten: *Rufst du mich an?*

Ich bestehe auf meiner Forderung

Wer auf etwas besteht, der steht auf einem Standpunkt. Er hat seinen Willen verkündet und will ihn durchsetzen, er beharrt auf seinem Willen. Aus solchen Umständen wird wohl klar, daß nach „bestehen auf…" der Dativ steht:

○ Der Zeuge bestand *auf seiner Aussage.*
Sie besteht *auf ihrem Willen, auf ihrem Recht.*
Der Kunde besteht *auf der genauen Erfüllung* des Liefervertrages.

Dieser Dativ gilt heute weitgehend als selbstverständlich. Weil aber das, worauf man besteht, in vielen Fällen eine Forderung ist, die erst noch erfüllt werden muß, wird *auf etwas bestehen* auch im Sinn von „auf etwas drängen, etwas entschieden verlangen" verstanden, und deshalb tritt gelegentlich auch der Akkusativ ein:

○ Sie bestand *auf sofortige Entlassung* des Chauffeurs.

Dies ist nicht falsch, aber es entspricht nicht der üblichen Verwendung des Wortes. Besser sollte man hier *verlangen, fordern, darauf dringen* u. ä. gebrauchen.

Sehr oft allerdings läßt sich ein bestimmter Kasus bei *bestehen* gar nicht erkennen, nämlich dann, wenn es heißt:

○ Er bestand darauf, mitgenommen zu werden.
Wenn du darauf bestehst, will ich den Brief gern schreiben.

Doch besagen auch solche Sätze fast immer, daß jemand auf seinem bereits verkündeten Willen besteht.

Hat er dir oder dich ins Bein gebissen?

Der Hund ist an allem schuld. Daß aber der Dativ hier neben dem Akkusativ steht, dafür kann er nichts. Denn in diesem Bereich, den die Grammatik ebenso zutreffend wie gelehrt die Verben der körperlichen Berührung nennt, gibt es kein falsch und richtig. Hier gibt es nur Möglichkeiten, von denen jeweils die eine oder die andere verwirklicht wird.

Viele dieser Verben können sich direkt auf eine Person beziehen, die geschlagen, getreten, geboxt, gebissen, gestochen wird oder die sich selbst schneidet, stößt oder kratzt:

> O *Ich habe mich geschnitten. Fritz, du sollst doch dein Brüderchen nicht treten! Mutti, der Peter hat mich geboxt. Eine Wespe hat mich gestochen. Der Hund hat den Fremden gebissen. Wen es juckt, der kratze sich. Ich habe mich gestoßen.*

Hier kann nun zusätzlich der Körperteil genannt werden, an dem die „Berührung " geschieht:

> O Ich habe mich *in den Finger* geschnitten. Fritz trat ihn *vors Schienbein.* Mutti, der Peter hat mich *in den Bauch* geboxt. Die Wespe stach mich *in die Hand.* Der Hund biß den Fremden *ins Bein.* Er kratzte sich *am Kopf.* Ich habe mich *am Knie* gestoßen.

Natürlich ist in diesen Sätzen der Körperteil die Hauptsache geworden; vor allem deshalb, weil nun der Stoß, der Tritt, der Stich usw. lokalisiert werden. Die Aussage wird damit genauer.

Es kann aber auch sein, daß der Körperteil für den Sprecher von Anfang an das Wichtigste ist. Dann wird die Person, zu der der Körperteil gehört, notwendigerweise mitgenannt, und zwar im Dativ:

> O Ich habe *mir* beim Rasieren *in die Lippe* geschnitten. Er hat *mir in die Rippen* geboxt. Fritz trat *seinem Nebenmann* heftig *auf den Fuß.* Er kniff *ihr in den Arm.*

Allerdings: So deutlich, wie es hier erklärt wurde, empfindet der Sprecher den Unterschied nicht, jedenfalls nicht immer. Es sind einfach verschiedene Muster da, nach denen er sich richten kann, und er nimmt gewohnheitsmäßig oder spontan eines davon in Gebrauch. So ist bei einigen Verben der Dativ, bei anderen der Akkusativ häufiger, ohne daß wir daraus einwandfreie Schlüsse auf die Vorstellungen ziehen dürfen, die mit einem Verb verbunden sind.

Wie könnte sonst *klopfen* mit dem Akkusativ der Person auftreten *(er klopfte mich* oder *mir auf die Schulter),* da man doch Personen nicht klopft, sondern nur Teppiche, Matratzen u. dgl.?

Im ganzen scheint der Dativ etwas häufiger zu sein als der Akkusativ. Im einzelnen läßt sich das schwer entscheiden. In den folgenden Beispielen wurde es zum Teil versucht; vielleicht wird mancher Leser anderer Meinung sein:

> O *Ich habe mir/mich auf die Zunge gebissen. Er boxte, puffte, stieß seinen/*(seltener:) *seinem Freund in die Seite. Das Kind faßte mir/*(seltener:) *mich ins Gesicht* (aber nur: ... *griff mir* ins Gesicht). *Er kniff mir/mich in den Arm. Der Krebs zwickte mich/*(seltener:) *mir in den Finger. Sie schlug ihm/*

(seltener:) *ihn auf die Hand, ins Gesicht. Er schlug mir/*(seltener:) *mich wohl-*
wollend auf die Schulter. Die Wespe stach ihr/sie ins Bein. Du hast mir/mich
auf die Zehen getreten (aber n u r : du *bist mir* auf die Zehen getreten!).

Ausnahmen gibt es freilich auch. Bei *küssen* etwa steht die Person,
der der Kuß gilt, so im Vordergrund des Interesses, daß hier der Akkusativ allein herrscht; der Körperteil wird zusätzlich genannt:

O Er küßte *sie auf den Mund, auf die Stirn, auf den Hals.* Sie küßte *ihn auf*
beide Backen.

Auch bei *kitzeln* und *lecken* gibt es nur den Akkusativ:

O Er kitzelte *mich an der Fußsohle.* Der Hund leckte *sie im Gesicht.*

Ganz anders ist es aber, wenn der Körperteil selbst als Objekt im Akkusativ erscheint. Dann hat daneben kein zweiter Akkusativ Platz, so
daß die Person im Dativ steht oder gar nur mit einem Possessivpronomen (besitzanzeigenden Fürwort) angedeutet wird:

O Er küßte *ihr die Hand.* Er tätschelte *ihr den Arm.* Ich rieb *ihm die erstarr-*
ten Hände. Sie fühlte *ihm den Puls.* Ich raufte *mir die Haare.* Der Hund
leckte *mir die Hände.* – Er küßte *ihre Hand.* Sie fühlte *seinen Puls* usw.

Das sind Sätze anderer Art, die wir hier nur erwähnen wollen, ebenso
die folgenden:

O Der Jäger brannte *dem Fuchs eins auf den Pelz.* Der Lehrer schlug *dem*
Schüler das Heft um die Ohren. (Übertragen:) *Diesen Plan* mußt du *dir aus*
dem Sinn schlagen.

Schauen wir noch einmal auf den vorhin besprochenen Satztyp.
Wenn statt der handelnden Person eine Sache das Subjekt ist, haben
wir wieder den Dativ im Spiel:

O *Der Rauch beißt mir/*(seltener:) *mich in die Augen. Der Pfeffer brennt mir*
auf der Zunge. Der Rolladen schlug ihm auf den Arm. Das Seil schnitt mir in
die Hände. Der Regen peitschte ihr ins Gesicht. Der Pullover kratzt mir/(seltener:) *mich am Hals.*

Und nun zum Schluß noch ein Blick auf die bildliche Anwendung
der Berührungsverben! Hier herrscht der Dativ vor, nur *schneiden*
macht eine Ausnahme:

O *Mit dieser Maßnahme schneidest du dich ins eigene Fleisch. Damit hast du*
dich ganz schön in den Finger geschnitten. (Nur mit dem Dativ:) *Diese Nach-*
richt ist mir auf den Magen, ins Gebein geschlagen. Die Uhr stach mir sofort
ins Auge. Wir mußten ihm unter die Arme greifen (ihn unterstützen). *Diese*
Behauptung schlägt der Wahrheit ins Gesicht. Wir wollen ihm einmal auf den
Zahn fühlen (ihn prüfen).

Eigentlich müßte man jedes dieser Verben besonders untersuchen
und darstellen. Versuchen wir wenigstens ein kurzes Fazit zu ziehen:

● Bei den Verben der körperlichen Berührung kann die betroffene Person im Dativ oder Akkusativ stehen. Sie muß aber immer genannt werden.

● Der Körperteil ist das eigentliche Ziel, auf das es dem Sprecher ankommt. Es ist daher nicht entscheidend, ob die Person im Dativ oder Akkusativ steht. Vielmehr folgt der Sprachgebrauch bestimmten Mustern, die sich für einzelne Verben herausgebildet haben und für andere Verben übernommen werden.

● Der Dativ der Person überwiegt besonders bei nichtpersönlichen Subjekten und in bildlich gebrauchten Verbindungen.

Ab – an – auf – infolge – wegen (die Präpositionen)

Die Präpositionen dienen dazu, Wörter im Satz so zu verknüpfen, daß das Verhältnis des einen Wortes zum andern deutlich wird:

○ Er schlägt den Nagel *mit* dem Hammer *in* die Wand. *Bei* seinen Büchern war auch ein Werk *über* Afrika.

Die Präpositionen werden deshalb auch Verhältniswörter genannt. Sie sind ähnlich wie die Konjunktionen wichtige Bindeglieder im Satz. Meist stehen sie vor Substantiven, aber sie können auch Adjektive (*auf* deutsch, etwas *für* gut halten) oder Adverbien (*nach* oben; *ab* morgen) anschließen.

Beim Gebrauch der Präpositionen können mancherlei Fragen und Unsicherheiten auftreten. Einige davon werden in den folgenden Abschnitten behandelt. Hier wollen wir zunächst einmal fragen, in welcher Form die Substantive stehen, die mit einer Präposition angeschlossen werden. Jede Präposition „regiert" einen oder mehrere Fälle (Kasus), man spricht deshalb von der „Rektion" der Präpositionen.

Am einfachsten ist es, wenn die Verhältnisse der Ruhe und der Bewegung ausgedrückt werden sollen. Die Grammatik nennt dies die Lage (Frage: wo?) und die Richtung (Frage: wohin?).

Auf die Frage wo? antwortet der Dativ:

○ Die Brille liegt *auf dem Tisch*.
Der Wagen steht *in der Garage*.

(Auf die Frage wo? antworten auch viele Präpositionen mit dem Genitiv. Darüber wird auf S. 135 ff. zu sprechen sein.)

Auf die Frage wohin? antwortet der Akkusativ:

○ Ich lege die Brille *auf den Tisch*.
Ich bringe den Wagen *in die Garage*.

Hier sehen wir schon, daß es Präpositionen gibt, die sowohl den Dativ wie den Akkusativ bei sich haben können. Wir sehen aber auch, daß das Prädikat, also das Verb, den Fall bestimmt, mit dem die Präposition jeweils verbunden wird. Verben wie *stehen, sitzen, liegen* verlangen den Dativ (Frage: wo?), Verben wie *stellen, setzen, legen, bringen* verlangen den Akkusativ (Frage: wohin?). So einfach ist das aber nicht immer:

○ Ich fahre *auf dem See* (wo?).
Ich fahre *über den See* (wohin?).
Ich fahre *zu meinem Bruder* (wohin?; aber Dativ!).
Ich fahre *nach Bamberg, der alten Bischofsstadt* (wohin?; aber Dativ!).
Die Bäume stehen *um das Haus* (wo?; aber Akkusativ!).

Daß bei *zu* und *nach* der Dativ steht, erklärt sich aus der geschichtlichen Entwicklung dieser Präpositionen. Sie drückten ursprünglich die Lage aus (*nach* bedeutet eigentlich „nahe bei", dann „in die Nähe von; zu etwas hin"; *zu* bedeutet eigentlich „in, an, bei", wovon ein Rest noch in Fügungen wie *zu Hause* und *der Dom zu Worms* erhalten geblieben ist). Anderseits kommt der Akkusativ bei *um* daher, daß diese Präposition eigentlich eine Richtung bezeichnet (vgl.: *Er läuft um den Teich, um die Ecke*). Allerdings kann man bei *um* auch nach der Art und Weise (wie?) fragen *(wir sitzen um den Tisch)*.

Der Dativ kann schließlich auch den Punkt bezeichnen, von dem eine Bewegung ausgeht (Frage: woher?):

○ Er springt *aus dem Bett*.
Der Schnee fällt *von den Bäumen*.

Es genügt also nicht, ein paar Faustregeln zu wissen. Man muß es schon lernen, welche Fälle zu jeder Präposition gehören. Wer von Kind an Deutsch spricht, wird das meiste aus Erfahrung richtig machen – er ist dennoch manchmal unsicher. Der Ausländer aber muß von seiner Muttersprache her oft umdenken. Die Tabellen auf S. 124 ff. wollen beiden eine Hilfe sein.

Folgende Präpositionen der Tabelle I drücken konkrete Raumverhältnisse aus:

Lage (Dativ): *bei, fern, gegenüber, nächst, nahe, zunächst, vis-à-vis.*

Ausgangslage (Dativ): *ab, aus, von.*

Richtung (Akkusativ): *bis, durch, gegen, wider.*

Lage oder Richtung (Dativ oder Akkusativ): *an, auf, außer, hinter, in , neben, über, unter, vor, zwischen.*

Sonderfälle: *entgegen, entlang, nach, um, zu.*

Die Sonderfälle *zu, nach, um* wurden schon behandelt. *Entlang* und *entgegen* sind eigentlich Adverbien, darum weicht ihre Rektion ab. Auffallend ist, daß die meisten dieser räumlich gebrauchten Präpositionen nach Bedarf den Dativ oder den Akkusativ bei sich haben können. Hier steuert das Verb den Kasus, vgl. S. 122.

Zeitangaben gehen zumeist von Raumvorstellungen aus. Der Raumbegriff wird ins Zeitliche übertragen. So finden wir die meisten räumlichen Präpositionen im temporalen Bereich wieder, aber die Zuordnung der Fälle zu den grammatischen Fragestellungen ist nicht mehr so klar. Folgende Präpositionen der Tabelle I drücken Zeitverhältnisse aus:

Zeitpunkt:
(Frage: wann?): *an, bei, in, nach, vor, zu* mit dem Dativ, *gegen, um, per, zwischen* mit dem Akkusativ.
(Frage: seit wann?): *seit, von* mit dem Dativ; *ab* mit dem Dativ oder Akkusativ.
(Frage: von wann?): *aus, von* mit dem Dativ.
(Frage: bis wann?): *bis zu* mit dem Dativ, *bis* mit dem Akkusativ.
(Frage: auf oder für welchen Zeitpunkt?): *zu* mit dem Dativ; *auf, in, zwischen* mit dem Akkusativ.

Zeitspanne:
(Frage: wie lange?): *seit* mit dem Dativ; *bis, über* mit dem Akkusativ.

Die meisten der bisher genannten Präpositionen können auch bloße Beziehungen zwischen den Wörtern eines Satzes ausdrücken, ohne daß Raum oder Zeit im Spiel sind:

○ Wir warten *auf dich.* Was sagst du *zu diesem Film?* Ich schreibe *an meinen Freund.* Niemand *außer mir* weiß davon. Er sehnt sich *nach Ruhe.*

Hierbei müssen wir besonders auf die Rektion derjenigen Präpositionen achten, die den Dativ und den Akkusativ zulassen. Sie werden zumeist von den jeweiligen Verben gesteuert.

Und schließlich bleiben die Präpositionen zu nennen, die nichts anderes als Beziehungen irgendwelcher Art ausdrücken:

Mit dem Dativ sind es: *entsprechend, gemäß, mit, mitsamt, nebst, samt, zuliebe, zuwider.*

Mit dem Akkusativ sind es: *betreffend, für, ohne, pro, sonder.*

Zwei Hinweise seien hier noch gegeben: Die Wörter *über* und *unter* können in Verbindung mit Zahlen auch als Adverbien auftreten. Sie bedeuten dann „mehr als" bzw. „weniger als" und haben keinen Einfluß auf die Deklination des folgenden Substantivs. Man erkennt das daran, daß *über* und *unter* in solchen Sätzen weggelassen werden können, ohne daß sich die Konstruktion ändert:

○ Die Kinder dieser Klasse *sind alle* [über/unter] *zehn Jahre alt.* Die Untersuchung betrifft nur *Gemeinden von* [über/unter] *10 000 Einwohnern.*

Im ersten Beispiel hängt der Akkusativ *Jahre* von *alt sein* ab, im zweiten der Dativ *Einwohnern* von der Präposition *von!*

Ein Adverb ist auch *bis,* wenn es vor einer Präposition steht (*bis an, bis in, bis zu*). Die Präposition bestimmt dann den Fall:

○ Akkusativ: bis *an den Rhein*; Dativ: bis *zum Abend*

Alleinstehend regiert *bis* den Akkusativ – mit einer scheinbaren Ausnahme, vgl. S. 126.

Tabelle I

Mit dem Dativ	Mit dem Akkusativ
	ab
ab unserem Lager	
ab Werk, ab Fabrik	
Der Bus fährt ab Hauptbahnhof.	
D 505 ist ab Düsseldorf Eilzug.	
ab nächstem Montag	ab nächsten Montag
ab erstem Mai	ab ersten Mai
jugendfrei ab 14 Jahren	jugendfrei ab 14 Jahre
die Dienstgrade ab Unteroffizier	
ab nächster Ausgabe	ab nächste Ausgabe
	an
Er steht an der Tür.	Er geht an die Tür.
München liegt an der Isar.	Wir fahren an die See.
Der Kapitän ist an Bord.	Der Kapitän geht an Bord.
Sie rechnet an der Tafel.	Sie schreibt an die Tafel.
Sie standen Kopf an Kopf.	
An diesem Abend geschah es.	
am Ende seines Lebens	Er war gesund bis an sein Ende.
am 3. August	
Er geht am Stock.	
Er ist an den Masern erkrankt.	
Er arbeitet an einem Roman.	
	Er schreibt an seine Mutter.
	Wir denken an dich.
Es fehlt an Ärzten.	

Mit dem Dativ	Mit dem Akkusativ

auf

Mit dem Dativ	Mit dem Akkusativ
Die Blumen stehen auf dem Tisch.	Sie stellt die Blumen auf den Tisch.
Er arbeitet auf dem Bau.	Wir gehen aufs Feld.
	Er kam auf/bis auf 2 Meter [Entfernung] heran.
Sie ist auf der Universität, auf dem Gymnasium.	Er geht auf die Universität, aufs Gymnasium.
Er ist auf der Jagd.	Er geht auf die Jagd.
Wir waren auf Urlaub.	Er fährt morgen auf Urlaub.
	Die Sitzung ist auf Freitag, den 2. Mai, anberaumt.
	Er hat mich auf nächsten Mittwoch vertröstet.
	In der Nacht vom 4. auf den 5. September hat es geregnet.
	Auf den kalten Mai folgte ein heißer Juni.
	Welle auf Welle kam heran.
	Sie wurde auf 3 Jahre verpflichtet.
	auf diese Weise
	auf meine Kosten
	Sie unterhielten sich auf englisch.
	Die Mannschaft spielt auf Zeit.
	Auf jeden kommen 5 Mark.
	Ich freue mich auf das Wiedersehen.
	Ich bin gespannt auf deinen Bericht.

aus

Er geht, kommt aus dem Haus.
Er trinkt aus der Flasche.
Sie stammt aus der Schweiz, aus Zürich.
Er schoß aus 10 m Entfernung, aus nächster Nähe.
ein Bild aus dem Jahre 1950, aus meiner Schulzeit
ein Kleid aus reiner Seide
Aus dir wird nichts.
Er tat es aus ehrlicher Überzeugung.

außer

Wir essen außer Haus[e]
  (veraltend mit Genitiv: außer
  Hauses).

Mit dem Dativ	Mit dem Akkusativ
Das Flugzeug ist außer Sicht[weite].	...bis das Flugzeug außer Sicht[weite] kam.
Das steht außer jedem Zweifel.	Er konnte das außer jeden Zweifel stellen.
Er bediente sie außer der Reihe.	
Er ist Hauptmann außer Dienst[en] (a.D.).	Das Schiff wurde außer Dienst gestellt.
Ich war außer mir vor Freude.	
Ich geriet außer mir vor Wut.	Ich geriet außer mich vor Wut.
Außer dir habe ich keinen Freund.	
Man hört nichts außer dem Ventilator.	

bei

Potsdam liegt bei Berlin.
Er wohnt nahe bei der Schule.
Er stand bei den Kindern.
Sie arbeitet bei den Stadtwerken.
Ich habe das Geld nicht bei mir.
Er nahm sie bei der Hand.
bei der Ankunft des Zuges
beim Eintritt der Dämmerung
Sie half ihm bei der Arbeit, beim Arbeiten.
Bei Glatteis muß gestreut werden.
Er arbeitet bei Licht.
Sie ist bei guter Gesundheit.

betreffend

unser Schreiben betreffend den Bruch des Vertrages

bis

bis hierher
Der Zug fährt bis München, bis Dänemark.

Wir flogen bis Frankfurt, der alten Messestadt (vgl. S. 124! Eigentl.: bis nach F.).

Wir flogen bis Frankfurt.

bis nächste Woche, nächsten Dienstag
bis fünfzehnten Januar
bis Montag, den 5. Mai
bis eine Minute nach 12 Uhr
bis 17 Uhr

Mit dem Dativ	Mit dem Akkusativ

durch

Die Kugel drang durch die Wand.
Er watet durch den Bach, durchs
Wasser.
Er schickt den Brief durch einen
Boten.
Wir dividieren eine Zahl durch
eine andere.
12 durch 3 gibt 4.
Das Haus wurde durch Bomben
zerstört.

entgegen

Entgegen meinem Wunsch/(selten:
meinem Wunsch entgegen) ist er
nicht gekommen.

entlang

(selten:) Dem Fluß entlang standen   Den Fluß entlang standen Bäume.
Bäume.
Entlang dem Weg läuft ein Zaun
   (selten mit Genitiv: Entlang des
   Weges läuft ein Zaun).

entsprechend

Entsprechend seinem Vorschlag /
seinem Vorschlag entsprechend
wurde die Brücke gebaut.
   (Der Genitiv kommt vor, ist
   aber falsch!)

fern

fern allem Trubel
fern der Stadt
   (Der Genitiv kommt vor,
   ist aber falsch!)

für

Er trainiert für die Meisterschaften.
Er schwärmt für klassische Musik.
Er stimmt für die Opposition.
Dieses Buch ist für dich.
Die Sache ist für mich erledigt.
Ich halte ihn für einen Schwindler,
für wenig geeignet.

Mit dem Dativ	Mit dem Akkusativ
	Sie dankte ihm für seine Hilfe. Ich bin für ihn eingesprungen. Das hat er für teures Geld gekauft. Er ist sehr groß für sein Alter. Ich bin für einige Tage verreist. Sie sind für Freitag, für 11 Uhr vor- gemerkt. Der Tapezierer ist für Montag, den 8. März, bestellt. Tag für Tag Wort für Wort

gegen

Er lehnt sich gegen die Mauer.
Er schwimmt gegen den Strom.
Er hält das Negativ gegen das Licht.
Wir kämpfen gegen eine Übermacht.
Das ist gegen die Vernunft.
Sie war höflich gegen alle.
Ich komme gegen Abend zu dir.
Es war gegen 11 Uhr.
Was bin ich gegen den berühmten
Mann!
Er tut es nur gegen Bezahlung.

gegenüber

Er wohnt gegenüber dem Bahnhof.
Mir gegenüber wagt er das nicht.
Er ist gegenüber allen Reformen/
allen Reformen gegenüber sehr
zurückhaltend.
   (Der Genitiv kommt vor, ist
   aber falsch!)

gemäß

gemäß dem Beschluß / dem Beschluß
gemäß
gemäß Artikel 21 des Grundgesetzes
   (Der Genitiv kommt vor, ist
   aber falsch!)

hinter

Er stand hinter dem / hinterm Vorhang, trat hinter dem Vorhang hervor.

Er ging hinter den Vorhang, hinters
Haus.

Mit dem Dativ	Mit dem Akkusativ
Sie saß hinter ihm.	Sie setzte sich hinter ihn.
Er schloß die Tür hinter mir.	
Sie ging hinter ihm her.	
Sie gingen einer hinter dem andern.	
Das habe ich bald hinter mir.	Das habe ich bald hinter mich gebracht.
Wer verbirgt sich hinter diesem Namen?	Wir sind hinter sein Geheimnis gekommen.
Sie versteckte sich hinter einem Baum.	(Veraltend:) Sie versteckte sich hinter einen Baum.
Der Erfolg blieb hinter den Erwartungen zurück.	

in

Er wohnt in der Stadt.	Er zieht in die Stadt.
Sie lebt in Berlin.	Sie reiste in die Schweiz.
Er liegt noch im Bett.	Er geht ins Bett.
Er ist Mitglied in diesem Verein.	Er ist in den Verein eingetreten.
	Der Baum wächst in die Breite.
In diesem Punkt hast du recht.	
Er ist tüchtig in seinem Beruf.	
in der Frühe	
im Sommer	
heute in 14 Tagen	
	Das dauert bis in den Herbst.
Er geht in Pantoffeln.	
ein Bericht in englischer Sprache / in englisch/in Englisch	
Er hat eine Eins in Englisch (= im Schulfach Englisch).	
Er handelt in Gebrauchtwagen, in alten Möbeln.	
Ich habe mich in ihm getäuscht.	
	Sie hat sich in ihn verliebt.
	Er willigte in den Vorschlag ein.

mit

Er tanzte mit ihr.	
Ehepaare mit Kindern und ohne Kinder / (elliptisch:) mit und ohne Kinder (vgl. ohne)	
Ein Sack mit Kartoffeln	
Er rudert mit dem Strom.	
Mit 20 Jahren machte er Examen.	
Er zögerte mit seiner Antwort.	
Er schlug mit dem Hammer zu.	

Mit dem Dativ	Mit dem Akkusativ

mitsamt

Das Schiff ging mitsamt der Besatzung unter.
Er verkaufte das Haus mitsamt dem Inventar.

nach

Wir kamen nach Hamburg, dem deutschen Welthafen.
Er trampte bis nach Indien.
Es spritzte nach allen Seiten.
Sie ging nach Hause.
Er griff nach seinem Hut.
Sie fragte nach dir.
Das Zimmer geht nach der Straße.
Einer nach dem anderen gab auf.
Nach dem Gottesdienst gingen wir spazieren.
Nach zwei Monaten reiste er ab.
Er half nach Kräften mit.
Es duftet nach frischen Äpfeln.
meiner Erinnerung nach
allem Anschein nach
 (nicht: meines Erachtens nach!)
nur dem Namen nach.

nächst
(gehoben, veraltend)

Nächst dem Hause steht ein Baum.
Nächst dem Vater war ihr der Bruder der vertrauteste Mensch.

nahe
(gehoben)

Nahe dem Hause floß ein Bach.
 (Der Genitiv kommt vor, ist aber falsch!)

neben

Der Schrank steht neben der Tür.	Wir stellten den Schrank neben die Tür.
Sie saß neben mir.	Ich setzte mich neben sie.
Er betreibt neben seinem Beruf eine kleine Landwirtschaft.	
Neben ihr verblassen alle anderen.	

Mit dem Dativ	Mit dem Akkusativ

nebst

Er lud Anna nebst ihren Freun-
dinnen ein.
Es grüßt Dich Dein Karl nebst
Familie.

ohne

Er kam ohne seine Eltern.
Ich war ohne einen Pfennig Geld.
Sei ohne Sorge!
Ehepaare mit und ohne Kinder
(vgl. mit)

per

per eingeschriebenen Brief
per Post, Schiff, Bahn
(Kaufmannsspr.:) Die Ware ist per
ersten Januar zu liefern.

pro

Eintritt 2 Mark pro Erwachsenen.
Der Preis beträgt 20 Mark pro Stück.

samt

Der Fürst samt seinem Gefolge
das Haus samt [allem] Inventar

seit

seit kurzem
Seit dem Kriege lebt er im Westen.
Er wartet seit zwei Stunden.

sonder
(gehoben, veraltend)

sonder allen Zweifel

über

Die Lampe hängt über dem Tisch.   Wir hängen die Lampe über den Tisch.
Das Flugzeug kreist über der Stadt.   Das Flugzeug flog über die Stadt
[hinweg].
Er fährt über Köln nach Hagen.
Er strich ihr übers Haar.

Er wohnt über seinen Eltern.
Seine Leistung liegt über
dem Durchschnitt.

Mit dem Dativ	Mit dem Akkusativ
Sie trug eine Stola über dem Kleid.	Sie legte eine Stola über das Kleid.
	Das Gras reicht mir bis über die Hüfte.
Er schlief über der Arbeit ein.	Er saß über seine Arbeit gebeugt.
Über dem Streit ging unsere Freundschaft entzwei.	

Er verreist über das Wochenende.
Es ist zwei Stunden über die
Zeit (= 2 Stunden später als
vorgesehen).
Das Heizöl reicht über den Winter.
ein Vortrag über moderne Malerei
Wie denkst du über den Vorschlag?
Ich freute mich sehr über den Brief.
Er lacht über deine Späße.
Er macht Fehler über Fehler
(= viele Fehler).
ein Scheck über einen hohen Betrag
Kinder über 10 Jahre
  (als Adverb ohne Rektion: Die
  Kinder sind alle über 10 Jahre
  alt. Vgl. S. 123f.)

um

Alle standen um den Tisch [herum].
Sie liefen um das Haus.
Das Theater beginnt um 8 Uhr.
Wir beginnen jeden Tag um die
gleiche Zeit.
Er kommt um den 15. Juli [herum]
zurück.
Er kommt einen Tag um den andern
(= jeden zweiten Tag).
Tag um Tag verging.
Sie bat mich um das Buch.
Sie sorgte sich um ihr Kind.
Es ist schade um ihn.
Er ist um einen Kopf größer als ich.
Ich muß die Ärmel um 5 cm kürzen.

unter

Der Hund liegt unter dem Tisch.	Der Hund kriecht unter den Tisch.
Der Zug fährt unter der Brücke hindurch.	Der Radfahrer fuhr unter die Brücke.
	Die Scheune ist bis unters Dach gefüllt.

Mit dem Dativ	Mit dem Akkusativ
Das Bild wurde unter seinem Wert verkauft.	Seine Leistung sank unter den Durchschnitt.
Er arbeitete unter großem Zeitdruck.	
Sie reist unter falschem Namen.	
Sie saß unter den Zuschauern.	Sie setzte sich unter die Zuschauer.
unter der Regierung Karls V.	
Kinder unter 10 Jahren	(als Adverb ohne Rektion: Die Kinder sind alle unter 10 Jahre alt. Vgl. S. 123 f.)

vis-à-vis

Das Café liegt vis-à-vis dem Theater.

von

Vom Schloß bis zum Bahnhof sind es 10 Minuten.
Er kommt von Berlin.
Er sprang vom Balkon herunter.
Von diesem Tag an wohnte er bei uns.
Von heute ab bist du unser Gast.
Von Ostern bis Pfingsten war er verreist.
die Nacht von Samstag auf Sonntag
Ihr Schreiben vom 5. August
Ich habe einen Brief von meiner Mutter.
Der Baum ist von dem Traktor umgerissen worden.
Wir sprachen von dir.
die Königin von England
ein Ring von Gold
dieses Wunderwerk von [einer] Brücke
ein Fall von Menschenraub
eine Entfernung von drei Meilen
eine Gans von 4 kg
Einer von ihnen war der Täter.
Er schrieb eine Art von Roman.

vor

Er hielt, parkte vor dem Hause.	Er fuhr vor das Haus.
Er stand vor einer schweren Entscheidung.	Er sah sich vor eine schwere Entscheidung gestellt.
	Der Dampfer erhielt einen Schuß vor den Bug.
Er wurde Sieger vor seinem Landsmann.	Mit dieser Wertung rückte er vor seinen Landsmann.

Mit dem Dativ	Mit dem Akkusativ
Vor zwei Stunden kam er an.	
Vor seinem Unfall war er kerngesund.	
Vor mir war schon ein anderer Bewerber da.	
Er zitterte vor Kälte.	
Sie hatte Angst vor ihm.	
Der Baum schützte sie vor dem Regen.	

wider

Das war wider meinen Befehl.
Wider [alles] Erwarten kam er doch.
Er hat wider besseres Wissen die
Unwahrheit gesagt.

zu

Er kommt zu mir.
Das Bild ging von einer Hand zur
anderen.
Das Blut stieg ihm zu Kopf.
Wir setzten uns zu Tisch.
Von hier bis zum Schloß sind es
10 Minuten.
Wir warten bis zum 30. April.
Er ist nicht zu Hause.
Wir wohnen zu ebener Erde.
(gehoben:) Er lebte zu Köln.
Sie kam zur Tür herein.
Zu Anfang des Jahres starb sie.
Er kommt zu Ostern nach Hause.
Das geschah zu Lebzeiten
meiner Mutter.
Von Tag zu Tag ging es besser.
Er ging zu Fuß.
Sie lud mich zum Essen ein.
Zu Ehren des Jubilars gab es einen
Empfang im Rathaus.
Ich brauche Stoff zu einem Kleid.
Das Geld gehört nur zur Hälfte, zu
einem Drittel mir.
Sie kamen zu Tausenden herbei.
Er verkaufte das Kilo zu einer
Mark.
Das Holz zerfiel zu grauem Staub.
Zu meiner Überraschung sagte er
nichts.
Gasthaus zum Adler, zu den
Drei Eichen, zur Eintracht

Mit dem Dativ	Mit dem Akkusativ
zuliebe	
Ich studierte nur meinem Vater zuliebe. Seiner Gesundheit zuliebe verzichtet er auf Alkohol.	
zunächst (gehoben)	
Die Plastik steht zunächst dem Pfeiler. Das Haus ist dem See zunächst/ zunächst dem See gelegen.	
zuwider	
Meinem Befehl zuwider ist der Baum gefällt worden.	
zwischen	
Der Garten liegt zwischen dem Haus und dem Wald. Er saß zwischen seinen Eltern. Der Brief lag zwischen alten Papieren. Zwischen den Jahren / Zwischen Weihnachten und Neujahr arbeiten wir nicht. Der Unterschied zwischen ihnen ist nicht groß. Zwischen mir und dir gibt es keine Geheimnisse. eine Farbe zwischen Grau und dumpfem Blau	Er legte das Buch zwischen die Vase und das Bild. Sie setzte sich zwischen die Eltern. Er schob den Brief zwischen die Akten. Mein Urlaub fällt zwischen die Feiertage.

In der zweiten Tabelle sind die Präpositionen zusammengestellt, die den Genitiv regieren. Es sind erstaunlich viele. Einige davon, z. B. *[an]statt, infolge, innerhalb, trotz, während, wegen,* werden recht häufig gebraucht, Die meisten aber gehören der Amts- oder der Kaufmannssprache an oder sind sogar bloßes Papierdeutsch (*abzüglich, anläßlich, betreffs, einschließlich, hinsichtlich, mangels, mittels, seitens, unbeschadet, zwecks* u. a.). In der Tabelle wurden diese Wörter besonders gekennzeichnet.

Daß es so viele Präpositionen mit dem Genitiv gibt, hat gute Gründe. Alle diese Wörter sind erst im Laufe der deutschen Sprachgeschichte zu Präpositionen geworden. Sie stammen aus verschiedenen Wortarten. Es sind ursprüngliche Substantive darunter *(statt, dank, kraft, mittels, namens),* als Adverbien gebrauchte Adjektive und Partizipien *(unweit, unfern, unbeschadet),* abgeleitete Adverbien *(einschließlich, hinsichtlich)* und zusammengewachsene Fügungen aus Präposition oder Pronomen und Substantiv *(infolge, zugunsten, diesseits).*

Bei den Substantiven wurde das Genitivattribut zum präpositionalen Genitiv: *an des Vaters Statt* wurde zu *[an]statt des Vaters; von der Seite der Regierung* wurde zu *von seiten / seitens der Regierung.*

In der Präposition *wegen* steckt die Mehrzahl von *Weg,* wie noch die alte Formel *von Amts wegen* (eigentl. „von den Wegen, d. h. von der Seite des Amtes her") zeigt. Auch das ...*halb* in *ober-, unter-, innerhalb* ist eigentlich ein Substantiv (althochdeutsch *halba,* mittelhochdeutsch *halbe* „Hälfte, Seite"; *innerhalb der Mauer* bedeutet also „auf der inneren Seite der Mauer"). Auch bei Präpositionen wie *anläßlich, einschließlich, zuzüglich* liegt ein attributer Genitiv zugrunde, denn sie vertreten die Substantive *Anlaß, Einschluß, Hinzuziehung* u. ä. *(aus Anlaß/anläßlich seines Geburtstages; unter Einschluß/einschließlich der Heizkosten).* Wieder anders ist die Präposition *während* entstanden, nämlich aus dem 1. Partizip von *währen* „andauern": *während der Nacht* lautete ursprünglich *bei währender* (= andauernder) *Nacht.* Hier ist der Genitiv erst nachträglich hineingedeutet worden, indem man die Endung ...*der* falsch abtrennte.

Wie stark die Tendenz zum Genitiv aber ist, zeigen die Präpositionen *dank* und *trotz,* die aus den gleichlautenden Substantiven entstanden sind. Bei beiden sollte man den Dativ erwarten (vgl. *ich sage dir Dank, ich biete ihm Trotz).* Aber bei *dank* ist der Genitiv schon fast ebenso häufig geworden *(dank seines Einsatzes / seinem Einsatz)* und überwiegt sogar im Plural *(dank ihrer guten Kenntnisse /* [weniger gebräuchlich:] *ihren guten Kenntnissen),* und *trotz* wird heute ganz überwiegend mit dem Genitiv verbunden *(trotz des Regens).* Beide Präpositionen haben sich also den vielen anderen angeschlossen, die gleich ihnen aus Substantiven hervorgegangen sind.

Auf der andern Seite aber: so fest ist der Genitiv auch wieder nicht! Wie oft hört man in der Umgangssprache: *wegen dem schlechten Wetter; statt einem Hut; während seinem Urlaub!* In gutem Deutsch darf hier nur der Genitiv stehen: *wegen des schlechten Wetters; statt eines Hutes; während seines Urlaubs.* Es gibt aber drei Fälle, in denen auch die Hochsprache den Dativ zuläßt.

1. mangels Beweisen / mangels ausreichender Beweise

Ein Satz wie *Er wurde mangels Beweise freigesprochen* wäre zwar korrekt, denn der Genitiv des Plurals von *Beweis* lautet *Beweise.* Aber ohne ein Begleitwort, das den Fall deutlich werden läßt *(mangels ausreichender Beweise),* ist der Genitiv nicht erkennbar; man hat das ungute Gefühl, als sei bei *mangels Beweise* gar keine Beziehung zwischen den beiden Wörtern vorhanden. Da hilft nur der Dativ mit der deutlichen Beugungsendung *-en: Er wurde mangels Beweisen freigesprochen.* Dies ist also korrekt, und aus dem gleichen Grunde sind es die folgenden Sätze:

○ Er mußte *wegen Geschäften* verreisen.
Während fünf Tagen hat es geregnet.
Statt Hüten tragen sie Baskenmützen.
Die Aufwendungen betrugen *einschließlich Löhnen und Gehältern* 10 000 Mark.
Sie hat *innerhalb sechs Monaten* zwei Unfälle gehabt.
Laut Presseberichten sagte der Minister...

Es gilt demnach folgende Regel:

● Wo der Genitiv Plural nicht erkennbar ist, tritt an seiner Stelle meist der Dativ Plural ein.

Hängen von einer Präposition mehrere Substantive im Plural ab, dann wird gelegentlich auch die Pluralform auf *-e* benutzt, bei der es offenbleibt, ob sie den Nominativ, Genitiv oder Akkusativ meint, z. B.

○ *einschließlich/inklusive Werbe- und Freiexemplare; exklusive Löhne und Gehälter.*

2. statt Peters neuem Wagen / statt eines neuen Wagens

Ein Satz wie *Statt Peters neuen Wagens stand dort ein alter Caravan* wird als unschön und gekünstelt empfunden. Man scheut sich davor, zwei starke Genitive nebeneinanderzustellen, deren zweiter über den ersten hinweg an die Präposition angeschlossen ist, während der erste wieder vom zweiten abhängt:

○ statt Peters neuen Wagens.

Hier weicht also die Hochsprache ebenfalls auf den Dativ aus und sagt: *statt Peters neuem Wagen.* Aus dem gleichen Grunde gelten auch die folgenden Verbindungen als korrekt (wenn auch die letzten drei sehr gekünstelt klingen):

○ *laut Evas letztem Brief; längs Mannheims schönem Rheinufer; mittels Vaters neuem Rasierapparat; trotz meiner Freunde anfänglichem Widerstreben; während des Chefs alljährlichem Urlaub; wegen der Kinder starkem Husten.*

Hier gilt also die Regel:

● Tritt ein Genitivattribut zwischen die Präposition und das abhängige Substantiv, so steht dieses Substantiv meist im Dativ.

3. längs den / längs der Mauern des Palastes

Nicht ganz so häufig tritt der Dativ auf, wenn das Genitivattribut nachgestellt ist. Fügungen wie die folgenden sind durchaus gebräuchlich:

○ *wegen des starken Hustens der Kinder; trotz anfänglichen Widerstrebens meiner Freunde; während des alljährlichen Urlaubs meines Chefs.*

Am ehesten findet man den Dativ da, wo bei Verwendung des Genitivs zwei gleichlautende Artikel aufeinander folgen würden:

○ *längs den Mauern der Gärten* (statt: *längs der Mauern der Gärten*); *laut dem Bericht des Bürgermeisters; trotz dem Lärm des Verkehrs; statt dem Plan des Vaters; wegen dem Andrang des Publikums.*

Doch kommt auch in solchen Fällen der Genitiv vor, und es gibt einige Präpositionen, bei denen er nicht durch den Dativ ersetzt werden kann, z. B.

○ *innerhalb des Hauses des Bürgermeisters; namens des Vaters des Bräutigams.*

Doch gilt im allgemeinen folgende Regel:

● Folgt das Genitivattribut dem von der Präposition abhängigen Substantiv, dann kann dieses im Genitiv oder Dativ stehen.

Schließlich gibt es ein einfaches, man muß schon sagen recht bequemes Mittel, den Genitiv zu vermeiden: Man läßt ein alleinstehendes starkes Substantiv nach bestimmten Präpositionen im Singular ungebeugt. Das geschieht vielfach in der Umgangssprache: *wegen Umzug geschlossen; etwas mittels Draht befestigen; zwecks Einzug der Beiträge.* Hier sollte korrekterweise immer der Genitiv stehen: *wegen Umzugs; mittels Drahtes; zwecks Einzugs.* Bei einigen Präpositionen der Geschäfts- und Amtssprache ist die ungebeugte Form aber schon so fest geworden, daß sie allgemein anerkannt ist: *einschließlich/inklusive Porto; zuzüglich Trinkgeld; laut Paragraph 12.* Zweifellos haben hier die alleinstehenden weiblichen Substantive das Muster abgegeben: *einschließlich Aufnahmegebühr, zuzüglich Mehrwertsteuer.* Bei ihnen ist ja der Genitiv nicht zu erkennen.

Und eine letzte Möglichkeit sei auch nicht vergessen. Bei Präpositionen, die die Lage angeben und den Genitiv regieren, (aber auch bei einigen andern) kann statt dieses Falles auch der Dativ mit *von* eintreten: *oberhalb des Hauses – oberhalb vom Hause; westlich des*

Rheins – westlich vom Rhein; aufgrund der Versuche – aufgrund von Versuchen. Dann sind aber *oberhalb, westlich* und ähnliche Wörter keine Präpositionen mehr, sondern Adverbien. Und da dies sowieso ihre ursprüngliche Wortart ist, kann man gegen die Konstruktion mit *von* auch keinen Einwand erheben. Besonders bei Ortsnamen (Städtenamen), wo das korrekte Genitiv-*s* nur ungern angehängt wird *(die Dörfer südlich Kölns),* ist das *von* ein guter Ausweg: *südlich von Köln, jenseits von Magdeburg.*

Tabelle II

Mit dem Genitiv	Mit dem Dativ oder ungebeugt
abseits	
Das Haus liegt abseits des Weges, abseits der Straße.	
abseits allen Trubels	(selten:) abseits allem Gedränge
abzüglich (bes. Kaufmannsspr.)	
abzüglich der Unkosten abzüglich des gewährten Rabatts	abzüglich Rabatt
anfangs	
(ugs.:) anfangs des Jahres	
angesichts	
angesichts des Todes angesichts solcher Einwände angesichts der Tatsache, daß...	
anhand / an Hand	
anhand ihres Briefes, meiner Unterlagen	(Adverb + von:) Anhand von Rechnungen wies er mir nach, daß...
anläßlich	
anläßlich seines Geburtstages	
anstatt (vgl. statt)	
Er nahm mich anstatt seines Bruders mit.	Anstatt dem Plan des Vaters wurde der des Sohnes ausgeführt.
anstelle / an Stelle	
Er trat anstelle seines Bruders in die Firma ein.	(Adverb + von:) Anstelle von Bier trinken wir Wein.

Mit dem Genitiv	Mit dem Dativ oder ungebeugt

aufgrund / auf Grund

Aufgrund meines Vorschlages wurde er beauftragt.	
aufgrund zahlreicher Versuche	(Adverb + von:) Zu diesem Ergebnis kam er aufgrund von Versuchen mit Ratten.

auf seiten

Alle Vorteile liegen auf seiten des Beklagten.	
Auf seiten der Verbraucher herrscht Erbitterung.	

ausschließlich

die Miete ausschließlich der Heizungskosten	die Miete ausschließlich Heizung und Wassergeld
	der Preis für das Essen ausschließlich Getränken

außerhalb

außerhalb des Dorfes	
außerhalb der Sprechstunden	

behufs
(Amtsdeutsch)

behufs schnellen Wiederaufbaus (besser: zum schnellen Wiederaufbau)	
behufs [der] Eintragung ins Taufregister (besser: zur Eintragung ins Taufregister)	

beiderseits

Beiderseits des Weges stehen Bäume.	
die Wälder beiderseits Heidelbergs	(Adverb + von:) die Wälder beiderseits von Heidelberg

betreffs
(Amtsdeutsch, Kaufmannsspr.)

Er fragte betreffs eines Zuschusses an.	Ihre Anfrage betreffs Zuschuß zu den Reisekosten
Ihr Schreiben betreffs Steuerermäßigung	

Mit dem Genitiv	Mit dem Dativ oder ungebeugt

bezüglich
(Papierdeutsch)

Bezüglich seines Planes hat er sich
nicht geäußert.
    (besser: über seinen Plan)
Ihre Anfrage bezüglich der Bücher
    (besser: wegen der Bücher)

binnen

(seltener, geh.:) binnen dreier Tage	binnen drei Tagen
(seltener, geh.:) binnen eines Jahres	binnen einem Jahr
	binnen kurzem
	binnen Jahr und Tag

dank

dank seines großen Fleißes	dank seinem großen Fleiß
dank seiner einschlägigen Erfahrungen	(seltener:) dank seinen einschlägigen Erfahrungen

diesseits

diesseits des Waldes	
diesseits des Rheins, diesseits Frankfurts	(Adv. + von:) diesseits vom Rhein, diesseits von Frankfurt

einschließlich

die Aufwendungen einschließlich aller Reparaturen	
die Kosten einschließlich des Portos	die Kosten einschließlich Porto [und Verpackung]
Europa einschließlich Englands	
(seltener:) ... einschließlich Tische und Stühle ... (vgl. S. 137).	der Saal kostet einschließlich Tischen und Stühlen 200.– DM Miete.

exklusive

das gesamte Inventar exklusive der erwähnten Bücher	
	die Kosten exklusive Porto
... exklusive Werbe- und Freiexemplare ... (vgl. S. 137)	Die Auflage exklusive Werbe- und Freiexemplaren beträgt 5 000 Stück.

halber

seines Rücktritts halber
der Ordnung halber
Er mußte [dringender] Geschäfte
halber verreisen.

Mit dem Genitiv	Mit dem Dativ oder ungebeugt

hinsichtlich

Hinsichtlich des Preises/der Bedingungen haben wir uns geeinigt.

infolge

infolge des Gewitters
infolge der Überschwemmung
infolge Versagens der Bremsen

(Adv. + von:) infolge von Massenerkrankungen

inklusive

inklusive des Portos
inklusive aller Getränke
...inklusive [sämtlicher] Werbe- und Freiexemplare... (vgl. S. 137)

inklusive Porto
inklusive Getränken
Die Auflage betrug 5 000 Stück inklusive 100 Werbe- und Freiexemplaren.

inmitten

inmitten seiner Kinder
inmitten hoher Bäume
inmitten des Waldes

(Adv. + von:) inmitten von Parkanlagen

innerhalb

innerhalb des Hauses
innerhalb der Bürgerschaft
innerhalb dreier Monate

innerhalb fünf Monaten
(Adv. + von:) innerhalb von 5 Monaten.

jenseits

jenseits des Flusses
jenseits Frankfurts

(Adv. + von:) jenseits von Köln
(Adv. + von:) jenseits von Gut und Böse

kraft

kraft Gesetzes
kraft meines Amtes
Ein Beschluß, kraft dessen Zuschüsse gewährt werden können, besteht nicht.

längs

längs des Bahndammes
längs der Gartenmauern

(seltener:) längs dem Bahndamm
längs den Mauern der Gärten
längs Mannheims schönem Rheinufer

Mit dem Genitiv	Mit dem Dativ oder ungebeugt
	längsseits
längsseits des Schiffes	
	laut
laut ärztlichen Gutachtens	laut ärztlichem Gutachten
	laut Vertrag / Befehl
laut beiliegender Rech-	(seltener:) laut beiliegenden
nungen	Rechnungen
	laut Briefen
	laut den Bericht des Sekretärs
	laut Meiers grundlegendem Werk
	mangels
	(Amtsdeutsch)
mangels Beweises	(ugs.:) mangels Beweis
mangels eines eigenen Büros	
mangels eindeutiger Beweise	Er wurde mangels Beweisen frei-
	gesprochen.
	minus
	(bes. Kaufmannsspr.)
der Betrag minus der	minus Porto
üblichen Abzüge	minus Abzügen
	mittels
	(Papierdeutsch)
mittels elektrischen Stroms	
mittels Drahtes	(ugs.:) mittels Draht
mittels blanker Drähte	mittels Drähten
	mittels Vaters neuem Rasierapparat
	namens
namens meines Vaters	
namens der Regierung	
	nördlich
nördlich des Flusses	
nördlich der Alpen	
(selten:) nördlich Münchens	(Adverb + von:) nördlich von
	München
	ob
a) (geh., veraltend:) „wegen":	
Ich tadelte ihn ob seines Leicht-	(selten:) ... ob seinem Leichtsinn.
sinns.	b) (veraltet:) „über":
	(noch schweiz.:) ob dem Podium
	Rothenburg ob der Tauber
	Österreich ob der Enns

Mit dem Genitiv	Mit dem Dativ oder ungebeugt

oberhalb

oberhalb des Ellbogens	
oberhalb Heidelbergs	(Adverb + von:) oberhalb von
oberhalb des Schlosses	Heidelberg, vom Schloß

östlich
→ nördlich

plus
(bes. Kaufmannsspr.)

	plus Porto
Der Betrag plus der Zinsen	plus Einkünften aus
beläuft sich auf 545,50 DM.	Grundbesitz

seitens

Seitens meines Klienten erkläre ich,
daß...
Seitens der Belegschaft wurden keine
Einwände erhoben.

seitlich

Das Haus liegt seitlich des Fried-	(Adverb + von:) ... seitlich vom
hofs.	Friedhof.

statt
(vgl. anstatt)

Statt des Briefes kam ein Telegramm.	
Er arbeitete nicht; statt dessen ging er	
spazieren.	
Sie trägt ein Kopftuch statt eines	Statt Hüten tragen sie Kopftücher.
Hutes.	Statt dem Sohn seines Freundes
	kam dieser selbst.
	Statt Peters neuem Wagen stand
	dort ein alter Caravan.

südlich
→ nördlich

trotz

trotz dichten Nebels	trotz dichtem Nebel
trotz [des] Regens	(seltener:) trotz dem Regen
	trotz Schnee und Kälte
	trotz allem
	trotz alledem
	trotz Peters heftigem Husten
	trotz dem Rauschen des Meeres
trotz aller Versuche	trotz Beweisen
trotz der Warnungen der Kollegen	trotz den Warnungen der
	Kollegen

Mit dem Genitiv	Mit dem Dativ oder ungebeugt

um ... willen

um deines Vaters willen
um des lieben Friedens willen

unbeschadet
(Papierdeutsch)

Unbeschadet seines hohen Alters
ging er zu Fuß.
Unbeschadet der Tatsache, daß...
Aller Niederlagen unbeschadet
setzte er den Kampf fort.

unerachtet
(Papierdeutsch)

Unerachtet der Bitten seiner Mutter
reiste er ab.

unfern

unfern des Hauses, des Bodensees   (Adverb + von:) unfern von dem
                                     Hause, vom Bodensee

ungeachtet

Ungeachtet wiederholter Mahnun-
gen/(seltener:) Wiederholter Mahnun-
gen ungeachtet unternahm er nichts.
Ungeachtet dessen, daß ...
Ungeachtet der Tatsache / (seltener:)
Der Tatsache ungeachtet,
daß...

unterhalb

unterhalb des Hauses
unterhalb Heidelbergs   (Adverb + von:) unterhalb von
                                   Heidelberg

unweit

unweit des Bahnhofs, der Autobahn (Adverb + von:) unweit vom
unweit Berlins   Bahnhof, von der Autobahn,
                                   von Berlin

vermittels

→ mittels

vermöge

Vermöge seines sicheren Auftretens
gelang ihm der Betrug.
vermöge seiner Beziehungen

Mit dem Genitiv	Mit dem Dativ oder ungebeugt
von seiten	
von seiten meines Chefs von seiten der Regierung	
von ... wegen	
Er tut das von Berufs wegen. von Amts wegen von Gesetzes wegen	
vorbehaltlich (Papierdeutsch)	
vorbehaltlich meines Beitritts vorbehaltlich behördlicher Genehmigung	
während	
während des Krieges während fünf langer Jahre	während fünf Jahren während dem Vortrag des Professors während Karls gestrigem Hiersein während alledem
wegen	
wegen des schlechten Wetters	(nicht korrekt:) wegen dem schlechten Wetter
wegen Motorschadens wegen Umbaus geschlossen (geh.:) der großen Kälte wegen (geh.:) Er tat es des Geldes wegen. wegen dringender Geschäfte	(ugs.:) wegen Umbau geschlossen wegen Geschäften wegen meines Bruders neuem Wagen
wegen des Umzugs unseres Instituts	(ugs.:) von wegen mehr Urlaub
westlich → nördlich	
zeit	
Das werde ich zeit meines Lebens nicht vergessen.	
zufolge	
zufolge seines Befehls	seinem Befehl zufolge Letzten Meldungen zufolge ist er verunglückt.

Mit dem Genitiv	Mit dem Dativ oder ungebeugt
	zugunsten
zugunsten seines Sohnes	(selten:) Ihm zugunsten hättest du anders entscheiden sollen.
zugunsten der Erdbeben-opfer	(Adverb + von:) zugunsten von Werner
	zu seiten
(selten:) Er stand zu seiten des Altars	
	zuungunsten
zuungunsten des Angeklagten zuungunsten der Arbeitnehmer	(Adverb + von:) zuungunsten von Schalke 04
	zuzüglich (bes. Kaufmannsspr.)
Die Miete beträgt 500 Mark zuzüg-lich der Heizungskosten.	
zuzüglich der üblichen Beträge	der Preis zuzüglich Porto zuzüglich Beträgen für Verpackung und Versand
	zwecks (Amtsdeutsch)
zwecks sofortigen Wiederaufbaus zwecks Einzugs des Betrages zwecks Eintragung ins Handels-register	

Zum Markt / ins Theater / aufs Rathaus / nach Hause

Alle vier Präpositionen dieser Überschrift geben die Richtung an, das Ziel, zu dem jemand unterwegs ist. Aber ihre Funktionen sind verschieden, und man kann sie nicht ohne weiteres austauschen.

Die Straßenbahn fährt zum Markt

Die Präposition *zu* gibt zunächst die Richtung auf einen bestimmten Punkt an, der erreicht, aber nicht unbedingt überschritten werden soll:

    ○ Wie komme ich hier *zum Bahnhof, zur Sporthalle, zum Rathaus?*

Wer so fragt, will nur den Weg wissen. Was er am Ziel tun wird, bleibt ungesagt. Er kann eine Fahrkarte kaufen und den Zug bestei-gen, er kann einen Besuch beim Bürgermeister machen oder nur einen Freund vor der Rathaustreppe treffen wollen. Auch die Straßenbahn, die *zum Markt* oder *zum Zoo* fährt, hat dort nichts zu tun, sie bringt nur die Fahrgäste hin.

Allerdings kann *zu* in anderem Zusammenhang auch stärker auf das Ziel orientiert sein:

○ Gehst du *zur Post?* Ich muß noch *zum Finanzamt, zum Gericht.*

Hier wird schon deutlich, daß man an dieser Stelle etwas zu erledigen hat. Das gilt erst recht bei Personenbezeichnungen:

○ Er geht *zum Arzt, zum Friseur, zum Optiker.* Sie fährt *zu ihrem Bruder.* Wir wollen *zu Schmidts, zu Onkel Ernst.*

Oder wenn ein Familienname das Geschäft bezeichnet, wo man einkaufen will:

○ Wir gehen *zu Karstadt, zu Neckermann, zu Elektro-Jung.*

Auch die Bezeichnungen von Vereinen und Organisationen werden mit *zu* angeschlossen:

○ Ich will noch *zum Mieterbund, zum Verkehrsverein, zum Ruderklub.* Unser Wagen muß *zum TÜV.*

Wir gehen ins Theater

Gegenüber der Fülle von Möglichkeiten bei *zu* ist die Präposition *in* enger begrenzt. Sie bezieht sich als Richtungsangabe immer auf ein Ziel, in das man hineingeht oder -fährt:

○ Wir gehen heute abend *ins Theater, ins Kino.* Ich muß um acht *ins Büro, ins Geschäft.* Sie fährt *in die Stadt,* um einzukaufen. Der Weg führt *in den Wald.* Wir wollen *in die Kirche, ins Museum, in die Ausstellung, ins Schwimmbad.*

Vater geht aufs Rathaus

Merkwürdig ist es, daß man bei der Nennung von Behörden und anderen Dienststellen meist nicht *in* sagt, sondern *zu* oder *auf* (Beispiele für *zu* wurden vorhin angeführt):

○ Ich gehe *aufs Rathaus, auf die Post, auf das Standesamt, aufs Amtsgericht.* Sie brachten ihn *auf die Wache.*

Auch die Frage wo? wird hier mit *auf* beantwortet:

○ Er hatte *auf dem Rathaus* zu tun. *Auf dem Arbeitsamt* sagte man mir, daß... Ich traf ihn *auf dem Bahnhof.*

Möglicherweise wirkt dabei die Vorstellung nach, daß man in Amtsgebäuden Treppen steigen muß. So heißt es ja auch allgemein: *Er*

geht auf sein Zimmer, weil die Schlafräume gewöhnlich im Oberge-
schoß eines Hauses liegen. Man geht also die Treppe hinauf. (Aber
man geht nur *ins Wohnzimmer, in die Küche.*) So ist es auch im Hotel,
wo der Gast das Frühstück *auf seinem Zimmer* einnehmen kann.

Wir reisen in die Schweiz / nach Holland

Kehren wir aber zurück zur Präposition *in!* Wer eine Reise tut, der
fährt wohl *in ein anderes Land.* Aber mit dem N a m e n dieses Landes
kann *in* nur verbunden werden, wenn ein Artikel dabeisteht:

    ○ Ich reise *in die Schweiz.* Wir fliegen *in die USA, in die Türkei,*

Und das sind Ausnahmen, denn die Orts- und Ländernamen haben
im Deutschen gewöhnlich keinen Artikel, und das *in* bezeichnet die
Lage (Frage wo?), aber nicht die Richtung (Frage wohin?):

    ○ Er wohnt *in Berlin.* Oslo liegt *in Norwegen.* Zebras leben *in Afrika.*

Darum gibt bei Orts- und Ländernamen *nach* die Richtung an:

    ○ Er fährt *nach Frankfurt.* Die Firma hat ihren Sitz *nach Berlin* verlegt.
    Der Expreß fährt von Holland *nach Italien.* Der Assessor wurde *nach*
    Oberbayern versetzt.

Ähnlich ist es bei Inselnamen, nur daß dort *auf* die Lage angibt,
nicht *in (Sie verbrachten ihren Urlaub auf Norderney).* Inseln liegen im
Wasser, man lebt *auf einer Insel,* wie man *auf einem Schiff* fährt. Die
Richtung wird auch bei Inselnamen mit *nach* bezeichnet:

    ○ Wir fahren *nach Helgoland, nach Sylt, nach Mallorca.* Das Schiff fährt
    nach den Azoren (trotz Artikel nicht „auf die Azoren"!).

Dieses *nach* aber läßt die Hochsprache nur bei geographischen Namen zu. Ein Wegweiser mit der Aufschrift *Nach dem Bahnhof* oder
ein Satz wie *Wir gingen nach dem Schloß* ist hochsprachlich nicht korrekt. Einzig die Fügung *nach Hause* hat sich als Richtungsangabe
durchgesetzt, weil ihr Gegenstück *zu Hause* die Lage bezeichnet: *Er*
ist zu Hause – Er geht nach Hause. Das sind alte artikellose Fügungen, ähnlich wie *außer Hause* „außerhalb des Hauses" und *von*
Haus[e] aus „seit jeher, ursprünglich".

Nur landschaftliche Umgangssprache, besonders in Norddeutschland, ist es, *nach* vor Personenbezeichnungen und Personennamen zu
setzen *(Mutter ist nach dem Schlachter, nach der Oma gegangen. Heut'*
gehn wir nach Hagenbeck). In gutem Deutsch vermeidet man das
auch dort, und erst recht das hamburgische *Ich geh' mit klein Erna*
nach Schule. Dasselbe gilt für *bei.* Landschaftliches *Wir gehen bei*
Tante Emma oder *Komm mal bei mich!* ist saloppe Umgangssprache.
Hier darf es nur *zu* heißen.

Erinnern wir uns, was auf S. 122 über die Präposition *nach* gesagt wurde. Sie bedeutet ursprünglich nur „in der Nähe, in die Nähe von...", und so gibt sie heute noch vor allem die Richtung an, weniger das Ziel. So steht sie auch mit gutem Grund bei den Ortsadverbien und bei den Himmelsrichtungen:

○ nach oben, unten, links, rechts; nach vorn, nach hinten; nach Osten, Westen, Süden, Norden.

Erst in zweiter Linie können diese Adverbien auch einen Raum bezeichnen: *nach oben gehen* „in den oberen Stock des Hauses gehen". Ein Artikel ist hier nicht möglich, darum bleibt es bei dem *nach*. Bei den Himmelsrichtungen dagegen wird unterschieden:

○ Die Straße führt *nach Westen* (= in westlicher Richtung), a b e r: Die Straße führt *in den Westen* (= in den westlichen Teil des Landes).

Ziehen wir also das Fazit aus all diesen Überlegungen:

● Die Präpositionen *in, auf, zu* können als Richtungsangaben nur vor einem Artikel stehen. Es heißt:
in die Stadt, a b e r: *nach Köln*
in ein anderes Land, a b e r: *nach Italien*
zu der / auf die Insel, a b e r: *nach Sylt.*
Und es heißt n u r:
zum Bahnhof, zum Bäcker, zu Onkel Ernst.

Mit Luftpost – durch Eilboten

Vielleicht könnte man die Wörter dieser Überschrift auch vertauschen: *durch Luftpost – mit Eilboten*. Aber da sträubt sich das Sprachgefühl; und zwar mit gutem Grund, nicht nur, weil wir die beiden Postvermerke in dieser Form gewohnt sind.

Die Präposition „mit" kann sich zwar auf Personen beziehen, aber dann drückt sie Gemeinsamkeit oder Begleitung aus *(er tanzte mit ihr; ich verreise mit meinen Eltern)*. Das ist hier nicht gemeint. Der Eilbote ist nur der Vermittler, nicht der Partner. Er ist aber auch kein bloßes Mittel oder Werkzeug, wie es „mit" in folgenden Sätzen angibt:

○ Ich schreibe *mit Bleistift, mit dem Kugelschreiber, mit der Maschine.* Man kocht *mit Wasser.* Man fährt *mit der Bahn, mit dem Auto, mit dem Schiff,* und man schickt seine Briefe *mit der Post.*

Den Vermittler gibt die Präposition „durch" an. Das kann eine Person oder auch eine Sache sein:

○ Man läßt Reparaturen *durch Handwerker* ausführen. Man läßt den Geschäftsfreund *durch seinen Chauffeur* (aber mit dem Wagen) abholen. Man benachrichtigt jemanden *durch einen Boten* oder *durch ein Telegramm.* Man überträgt eine Veranstaltung *durch Lautsprecher* ins Freie.

Das Vermittelnde kann aber auch eine Tätigkeit oder eine Eigenschaft sein:

○ Fleisch wird *durch Kochen* oder *Braten* genießbar gemacht. Ein Fleck wird *durch Waschen, durch Bürsten und Reiben* beseitigt. Der Kranke wird *durch Bestrahlung, durch eine Operation* geheilt. Er hat es *durch Fleiß* zu einigem Wohlstand gebracht.

Anderseits kann die vermittelnde Person auch als handelnde Person (als „Täter") auftreten:

○ Ich wurde *von seinem Chauffeur* abgeholt. Die Uhr wird *vom Uhrmacher* repariert. Der Brief wurde *von einem Boten* gebracht.

Hier erscheint also die Präposition „von", und wie der Leser wohl gemerkt hat, sind wir inzwischen in das Passiv geraten. Es zeigt sich: „Von" ist die Präposition, die im passivischen Satz auf den Täter hinweist:

○ *Pioniere* haben die Brücke gesprengt – Die Brücke wurde *von Pionieren* gesprengt. *Ein Blitz* hat den Baum getroffen – Der Baum wurde *vom Blitz* getroffen. *Professor Meyer* hat das Buch herausgegeben – Das Buch wurde *von Professor Meyer* herausgegeben.

In all diesen Fällen – mit Ausnahme des ersten – wäre die Präposition „durch" nicht sinngemäß. Wer „durch" sagt, setzt voraus, daß hinter dem „Täter" ein „Veranlasser" steht:

○ *Der General ließ* die Brücke *durch Pioniere sprengen* – Die Brücke wurde *durch Pioniere* der 10. Division *gesprengt.*

Solche Sätze sind zwar in bestimmten Fällen möglich. Sonst aber heißt es nur:

○ *eine vom Blitz* (nicht: *durch den Blitz*) getroffene Eiche. Handbuch der Sporthygiene, herausgegeben *von* (nicht: *durch*) *Professor Dr. K. Meyer.*

Manchmal liegt es an dem verwendeten Verb, ob „durch" oder „von" gebraucht wird:

○ Er wurde *von einem Schuß getroffen* (Der Schuß traf ihn). Aber: Er wurde *durch einen Schuß getötet* (Der Bankräuber tötete, verletzte ihn durch einen / mit einem Schuß). Das Schiff wurde *von einem Torpedo getroffen* (Ein Torpedo traf das Schiff). Aber: Das Schiff wurde *durch ein / mit einem Torpedo versenkt* (Das U-Boot versenkte das Schiff mit einem / durch ein Torpedo).

In beiden Beispielen geben die mit „durch" oder „mit" gebildeten Sätze den Täter nicht an. Das ist auch nicht nötig, wenn er aus dem Zusammenhang bekannt oder zu erschließen ist. Wir sehen aber, daß „durch" und „mit" im Gegensatz zu dem täterbezeichnenden „von" in aktiven Sätzen ebenso vorkommen wie in passiven. Der Vermittler und das Mittel treten beim Aktiv ebenso auf wie beim Passiv. Wir merken uns also:

● „Mit" gibt das Mittel oder Werkzeug an. Es bezieht sich im allgemeinen nicht auf Personen.

● „Durch" gibt die vermittelnde Kraft und in besonderen Fällen auch den [beauftragten] Täter an. Es kann sich auf Personen, Sachen, Tätigkeiten oder Eigenschaften beziehen.

Wer hier im Zweifel ist, braucht sich nur an den Beförderungsvermerk der Post zu erinnern: *Mit Luftpost – durch Eilboten.* – Nicht umgekehrt!

Einschließen – eintreten – einweihen

Die deutschen Verben mit „ein-" werden fast alle durch Raumangaben mit der Präposition „in" ergänzt. Dabei überwiegt der Akkusativ, denn „ein-" drückt – im Gegensatz zu „in" – immer eine Richtung aus:

○ Er läßt den Hund *in das Zimmer* ein. Der Verhaftete wird *in das Gefängnis* eingeliefert. Sie räumt die Wäsche *in den Schrank* ein. Er stieg *in ein Fenster* ein. Der Arzt führte einen Schlauch *in den Magen* ein. Wer wird schon Käse *in die Schweiz* einführen! Sie hüllte sich *in ihren Mantel* ein. Ich lud meinen Freund *ins Theater* ein. Die Regierung hat sich *in die Verhandlungen* eingeschaltet. Der Garten wurde *in schmale Beete* eingeteilt. Der Zug fährt *in den Bahnhof* ein. Er ist *in den Staatsdienst* eingetreten. Er trug sich *in das Goldene Buch* der Stadt ein. Sie hat sich *in die Liste* der Teilnehmer eingeschrieben. Das Geschenk wurde *in buntes Papier* eingeschlagen.

Neben dem Akkusativ kommt auch der Dativ vor. Grammatisch gesehen, ist er immer möglich, weil „in" ja nicht nur die Richtung, sondern auch die Lage, den Ort angeben kann. Aber der Dativ ist nicht bei allen *ein*-Verben sprachüblich. Bei vielen kommt er gar nicht vor, bei manchen nur ausnahmsweise.

Mit dem Wechsel des Kasus wechselt gewöhnlich auch die Sehweise. Wo der Akkusativ steht, wird mehr der Vorgang (*das Einlassen, Einliefern, Einfahren, Sicheinschreiben* usw.) betont. Beim Dativ dagegen tritt der Ort oder die Stelle hervor, wo sich der Vorgang abspielt. Diese Verbindung ist meist etwas lockerer als die mit dem Akkusativ. So zeigen die *ein*-Verben besonders gut, wie der Gebrauch der Fälle von der Anwendung des Verbs abhängig ist.

Verben, die sowohl den Dativ wie den Akkusativ bei sich haben können, sind z.B. *einbrechen, einpflanzen, einstellen, einschließen.* Lassen wir die Bedeutungen beiseite, bei denen das Verb nicht mit einer präpositionalen Fügung verbunden wird (*das Gewölbe bricht ein; er hat die Arbeit eingestellt; der Feind schließt die Festung ein* u. a.), so zeigen sich folgende Möglichkeiten:

○ **einbrechen**: Diebe sind *in die Werkstatt, in unsere Firma* eingebrochen (= gewaltsam eingedrungen). Der Gegner ist *in die Stellung* eingebrochen. Das Wasser brach *in den Schacht* ein. **Aber**: *Im Nachbarhaus* (wo?) ist eingebrochen worden. Er hat *in verschiedenen Geschäften* eingebrochen (= Einbrüche verübt). *Im Nachbarabschnitt* ist der Feind eingebrochen und bedroht unsere Flanke. (Mit anderer Präposition:) Der Junge ist *auf dem Eis* eingebrochen (= Er stand auf dem Eis und ist durchgebrochen).

○ **einpflanzen**: Er hat die Stecklinge *in Töpfe* eingepflanzt (wohin? – Vorgang) / *in Töpfen* eingepflanzt (wo, auf welche Weise?). Ich muß die Sträucher noch heute *im Garten* einpflanzen (an der vorgesehenen Stelle innerhalb des Gartens).

○ **einstellen**: Er stellte das Buch *in das Regal* ein. Er stellt den Wagen *in die Garage* ein. **Aber**: Der Buchhändler stellt die Bücher *im vorderen Regal* ein. Wo kann ich meinen Wagen einstellen? – *In der Hotelgarage. In dieser Firma* werden noch Arbeiter eingestellt.

○ **einschließen**: Ich schließe den Hund *in die Küche* ein (= Ich schicke ihn hinein und schließe ab). Ich schließe den Hund *in der Küche* ein (= Er ist darin und bleibt darin). Sie schloß sich *in ihr Zimmer / in ihrem Zimmer* ein (Sie ließ niemanden zu sich herein). Er schloß das Geld *in den Kassenschrank / im Kassenschrank* ein.

Oft ist der Unterschied nur gering und wird dem Sprecher gar nicht bewußt. Dann halten sich die beiden Präpositionen ungefähr die Waage, wie es die eben genannten Sätze zeigen. Wo jedoch der Akkusativ überwiegt, wird der Dativ daneben meist absichtlich angewandt. Manchmal drückt er nur aus, daß man eine Stelle nicht genau angeben kann oder will:

○ *In der Bahnhofstraße* ist eingebrochen worden. *Im Schloß* hat es eingeschlagen. (Aber: Der Blitz hat *in den Turm, in die Scheune* eingeschlagen.)

Manchmal erscheint der Ort wichtiger als der Vorgang:

○ Die Stare sind *im Kirschbaum* eingefallen. *In der Kellertür* muß ein neues Schloß eingebaut werden. Er hat sich *in unserer Stadt* gut eingelebt.

Das zeigt sich besonders beim sog. Zustandspassiv:

○ *In der Kirchhofsmauer* sind mehrere alte Grabtafeln eingelassen (Sie befinden sich darin). *In der Seitenwand* ist eine Klappe eingebaut. *In dem Mosaik* sind viele goldene Steine eingefügt.

Einige Verben gibt es, bei denen fast nur der Ort interessiert, so daß der Akkusativ ganz zurücktritt:

○ Er ist gestern *in der Stadt* eingetroffen (nicht: *in die Stadt* eingetroffen). Er hat sich *in einem Hotel* eingemietet (nicht: *in ein Hotel* eingemietet). Wir sind *im Goldenen Ochsen* eingekehrt (seltener: *in den Goldenen Ochsen* eingekehrt).

Aber dies sind Ausnahmen. Wie sehr allerdings beim Dativ die konkrete Ortsvorstellung mitspricht, zeigt sich daran, daß bei übertragenem Gebrauch fast nur der Akkusativ erscheint:

○ Jemanden *in sein Gebet* einschließen; sich *in einen Streit* einmischen; sich *in neue Verhältnisse* einleben; jemanden *in ein Geheimnis* einweihen; *in ein Geschäft* einheiraten; *in die Scheidung* einwilligen; *in neue Verhandlungen* eintreten.

Ein Sonderfall verdient noch Beachtung, weil er zeigt, daß sich Namen oft anders verhalten als gewöhnliche Substantive. Einige mit *ein-* gebildete Verben können mit Orts- und Ländernamen verbunden werden. Steht dann das *in* vor dem bloßen Namen, dann wird dies gewöhnlich als Angabe der La ge empfunden:

○ Die Amerikaner sind damals *in Kambodscha* einmarschiert (Frage: Wo sind sie einmarschiert?).

Will man hier die Richtungsvorstellung deutlich machen, dann muß man statt *in* die Präposition *nach* einsetzen oder, wenn das nicht geht, den Namen mit einem Attribut und dem Artikel versehen:

○ Die Amerikaner sind damals *nach Kambodscha / in das neutrale Kambodscha* einmarschiert.

Ähnlich verhält es sich mit *einreisen, einladen* und auch mit *eingemeinden:*

○ Die Gesellschaft ist gestern *in Frankreich* eingereist (wo?). Aber: Wir reisten mit dem Wagen *nach Frankreich / in das östliche Frankreich* ein. Er hat mich *nach New York, in die USA* eingeladen. (Hier kann das Dativ-*in* gar nicht stehen). Das Dorf wurde *in die Stadt Frankfurt / nach Frankfurt* eingemeindet (auch mit dem reinen Dativ: Das Dorf wurde *der Stadt Frankfurt* eingemeindet).

Keine Verbindung mit *nach* ist möglich bei *einziehen, einfallen, eindringen:*

○ Der König zog *in das festlich geschmückte London* ein (wohin?). Er zog feierlich *in London* ein (wo?). Im Sommer 1914 fielen / drangen die Russen *in Ostpreußen* ein / *in das ungeschützte Ostpreußen* ein.

Zum Schluß sei darauf hingewiesen, daß einige der Verben auch mit
anderen Präpositionen oder mit dem reinen Dativ verbunden werden
können:

○ bei: Er hat sich *bei Bekannten* eingemietet. Diese Sitte hat sich *bei uns*
eingebürgert. Er hat *dem Vorstand / bei dem Vorstand* einen Antrag einge-
reicht.

○ an: *An der Schule* wurde ein neues Lehrbuch eingeführt. Ich habe das
Gedicht *der Zeitung / an die Zeitung* eingesandt.

○ auf: Der Zug läuft *auf dem hinteren Bahnsteig* ein. Die Tagesleistung
hat sich *auf 300 Paar Schuhe* (nicht: *Schuhen*) eingependelt. Er zahlt das
Geld *auf sein Konto / auf seinem Konto* ein.

Zusammenfassend kann man über die Verben mit *ein-* folgendes sagen:

● 1. Im konkreten Gebrauch werden sie meist mit *in* und dem Akkusativ verbunden, weil *ein-* eine Richtung ausdrückt. Die Raumangabe im Akkusativ bestimmt die Richtung, in die der Vorgang
zielt, und verstärkt dadurch die Aussage des Verbs. Vor Orts- und
Ländernamen kann bei einigen Verben *nach* an die Stelle von *in*
treten.

● 2. Der Dativ nach *in* ist seltener. Er bezieht sich nicht auf den Inhalt des Vorgangs, gibt aber den Ort an, wo sich der Vorgang abspielt.

● 3. Anschlüsse mit *bei, an, auf* betonen ebenfalls mehr den Ort als
den Vorgang. Das gilt auch, wenn *an* und *auf* mit dem Akkusativ
verbunden sind.

● 4. In übertragenem Gebrauch gilt nur der Akkusativ. Hier ist der
Vorgang das Primäre.

Wenn das nicht gut für Wanzen ist!

„Für" und „gegen", wie kann man das verwechseln? Was mir gegen
Schmerzen, gegen eine Krankheit, gegen Ungeziefer hilft, das kann
doch nicht gut sein für die gleichen Dinge, die es bekämpft? Und
doch hört man's immer wieder einmal:

○ Frau Meier sollte etwas für ihre Krampfadern tun! Blockmalz ist gut für
Husten. Hast du nicht ein Mittel für meine Kopfschmerzen?

Es scheint, mit der Logik der Sprache ist es nicht weit her. Allerdings
gehören solche Sätze wohl eher der Alltagssprache an als der gepflegten Hochsprache. – Sind sie aber falsch?

Wenn wir ein wenig in die Sprachgeschichte schauen und etwa ein historisches Wörterbuch aufschlagen, dann entdecken wir eine merkwürdige Übereinstimmung zwischen *vor* und *für*. Ursprünglich wurden beide Präpositionen nur räumlich gebraucht. Im Althochdeutschen und Mittelhochdeutschen steht *für* mit dem Akkusativ zur Bezeichnung der Richtung, *vor* mit dem Dativ zur Bezeichnung der Lage. So lesen wir im Nibelungenlied (Strophe 141, 4):

○ Man hiez die boten balde ze hove für den künec gän.

(Man forderte die Boten auf, sogleich an den Hof vor den König zu gehen), und an anderer Stelle (Strophe 196, 3):

○ Volkēr der herre: dō reit er vor der scar.

(Da ritt Herr Volker [mit der Fahne] vor der Schar her.)

Diese Verwendung der beiden Präpositionen reicht – wenn auch vielfach vermischt und unklar geworden – weit ins Neuhochdeutsche hinein. Erst die berühmten Grammatiker des 18. Jahrhunderts, Gottsched und Adelung, haben hier die noch heute gültige Ordnung hergestellt. Seitdem wird *vor* hauptsächlich räumlich und zeitlich mit dem Dativ und Akkusativ, *für* aber nur noch übertragen und nur mit dem Akkusativ angewandt: *Er steht vor dem Haus; er geht vor das Haus.* Aber: *Er arbeitet für seine Kinder* (= zum Besten seiner Kinder).

Alle heutigen Bedeutungen von *für* sind – übrigens schon in alter Zeit – mittelbar oder direkt aus dem alten räumlichen Bezug entstanden: *Ich habe ein Buch für dich* bedeutet eigentlich „Ich bringe ein Buch vor dich". *Er kämpft für die Freiheit, er tritt für seinen Freund ein* bedeutet eigentlich „Er stellt sich schützend vor die Freiheit, vor seinen Freund". *Jemanden für jemanden oder etwas halten* ist soviel wie „... an dessen Stelle setzen", und *etwas für Geld kaufen* ist „etwas an die Stelle des Geldes setzen".

So ist auch der Gebrauch von *für* im Sinne von *gegen* zu erklären: Der Schild, den ich vor mich und damit vor den angreifenden Feind halte, schützt mich gegen die Waffen des Feindes. (Wir sagen heute: *Er schützt mich vor den Hieben, vor den Pfeilen* – auch das ist eigentlich räumlich zu verstehen.) Ganz in diesem Sinne heißt es in einem alten Text, das Haus solle *„für regen und für sunne gedeckt sīn"* (gegen, zum Schutze vor Regen und Sonne gedeckt sein). Und der Naturforscher Konrad von Megenberg (14. Jh.) kennt ein Mittel, das ist *guot für der wolf piz* (gut gegen den Biß der Wölfe).

Wer heute sagt: *Das ist gut für den Husten,* der meint allerdings nicht „gegen den Husten", sondern eher „gut für dich, weil du Husten hast". Und *ein Mittel für Kopfweh* ist ein Mittel, das für diese

Schmerzen bestimmt ist. Und wenn Frau Meier *etwas für ihre Krampfadern tut,* tut sie eigentlich etwas für ihre Beine. Die alte Vorstellung „zum Schutz gegen" ist also durch andere Vorstellungen abgelöst worden, die dem heutigen Gebrauch der Präposition *für* entsprechen. Das ist ein ganz normaler sprachlicher Vorgang, und es besteht kein Grund, dem Sprachgebrauch einen Mangel an Logik vorzuwerfen, weil er „für" und „gegen" nicht auseinanderhalte. Wer es genau nimmt, der kann natürlich immer das korrekte *gegen* in solchen Sätzen anwenden:

○ Frau Meier tut jetzt etwas *gegen ihre Krampfadern.* Blockmalz ist *gut gegen Husten.* Hast du nicht etwas *gegen meine Kopfschmerzen* im Haus?

Nun sind wir aber unsern Lesern noch eine Erklärung für die Überschrift dieses Abschnitts schuldig. Da lebte – es ist schon lange her – irgendwo zwischen Arolsen und Kassel ein Alter in seiner Hütte, dem die vielen Wanzen so zusetzten, daß er sie mit einer Kerze aus dem Bett vertreiben wollte. Die Sache ging schief, und als er neben seinem brennenden Häuschen stand, sprach er zufrieden:

○ Wenn das nicht gut für Wanzen ist, dann weiß ich nicht, was besser ist.

(Nachzulesen, auf waldeckisch, im Waldeckischen Wörterbuch von Bauer-Collitz, Norden u. Leipzig 1902, S. 227.)

Angebot und Nachfrage

Nicht nur Verben verlangen bestimmte Präpositionen und bestimmte Fälle, auch bei vielen Substantiven kommt es auf den richtigen Anschluß an, wenn andere Wörter im Satz mit ihnen verbunden werden sollen.

Sehen wir von allbekannten Verbindungen ab, die nur ausdrücken, daß jemand oder etwas sich irgendwo befindet, irgend etwas bei sich hat oder damit beschäftigt ist *(das Haus am Waldrand, der Mann auf dem Gerüst, das Kind mit der Flöte),* dann sind es vor allem solche Substantive, die einem Verb entsprechen, also die Bezeichnungen von Vorgängen, Handlungen oder Zuständen. Was beim Verb das Objekt ist, wird bei dem entsprechenden Substantiv zum Attribut, zur Beifügung, und muß mit einer Präposition angeschlossen werden, soweit nicht der Genitiv möglich ist. Die Präposition des Verbs bleibt bei diesem Übergang vom Verb zum Substantiv zumeist erhalten:

○ *Wir fahren nach Köln – Die Fahrt nach Köln* war sehr lustig. *Wir fliegen über die Alpen –* Wir hatten einen herrlichen *Flug über die Alpen. Er freut sich über die Blumen, an den Blumen – Seine Freude über die Blumen, an den Blumen* beschämte uns.

Ein Akkusativobjekt wird gewöhnlich zur Beifügung im Genitiv oder mit „von":

○ *Er schreibt einen Brief – Das Schreiben eines Briefes* strengt ihn an. *Er baut ein Haus – Der Bau des Hauses* hat seine Mittel erschöpft. *Er beobachtet das Wild – Die Beobachtung des Wildes* nahm ihn ganz in Anspruch. *Er verteilt Broschüren – Das Verteilen / die Verteilung von Broschüren* ist verboten. *Er fabriziert Autoreifen –* Er nahm *die Fabrikation von Autoreifen* auf.

So einfach sind die Verhältnisse aber nicht immer. Denn diese zu Verben gebildeten Substantive, die sogenannten Verbalsubstantive, bleiben nicht immer Geschehensbezeichnungen, sie können auch das Ergebnis eines Geschehens angeben oder zu Sach-, Raum- oder gar Personenbezeichnungen werden. Manche treten sogar nur in diesen Bedeutungen auf:

○ *Die Markierung / das Markieren* eines Wanderwegs – Wir folgten *der roten Markierung* (= dem Wegzeichen). *Die Bedienung / das Bedienen* der Gäste – Sie arbeitet *als Bedienung* (= als Kellnerin). *Die Rezeptur* (= rezeptgemäße Zubereitung) von Arzneimitteln – Der Giftschrank ist *in der Rezeptur* (= im Rezepturraum).

Ein präpositionaler Anschluß ist im allgemeinen nur für Geschehens-, Ergebnis- und Sachbezeichnungen möglich. Aber auch hier kann er beim gleichen Wort wechseln, und dadurch entsteht eine gewisse Unsicherheit des Gebrauchs, besonders wenn die verschiedenen Bedeutungen und Bezüge des Wortes alle dem gleichen Sachbereich angehören. So ist es z. B. im Bereich der Kaufmannssprache bei Wörtern wie *Angebot, Nachfrage, Auftrag, Bestellung* usw. Da diese Wörter auch in der Allgemeinsprache häufig auftreten, sollen sie im folgenden kurz behandelt werden.

Ein *Angebot* z. B. kann vom Verkäufer oder vom Käufer ausgehen. Der erste bietet Waren oder Arbeit, der zweite einen Preis an. Im ersten Fall wird gewöhnlich mit *von, an* oder *in* angeschlossen, im zweiten mit *von* oder *auf.* Wird die Ware oder der Geldbetrag selbst als Angebot bezeichnet, dann ändert das nichts an den Präpositionen.

Über die Präposition *von* wurde eben gesprochen, sie bezieht sich auf das Objekt, das *angeboten, bestellt, geliefert, verkauft* wird.

Mit *an* wird eigentlich der Anteil ausgedrückt, den das Angebot aus einer vorhandenen oder möglichen Warenmenge herausgreift; jedoch wird es praktisch kaum von *von* unterschieden. Bei *in,* das die Kaufmannssprache besonders gern verwendet, ist eigentlich der Bezug auf die Branche oder Warengruppe gemeint, für die jemand tätig ist *(er reist in Lederwaren; er handelt in Konserven).* Die Präposition *auf* drückt in unserm Zusammenhang die Richtung aus: Das Angebot, der Auftrag, die Bestellung ist *auf etwas* gerichtet, was man haben will.

Anders ist es mit *über*: Diese Präposition bezieht sich auf den Gegenstand eines Geschäftsvorgangs, besonders aber auf den Inhalt von Schriftstücken. Da im Geschäftsleben fast alles schriftlich festgelegt wird, hat sich diese Präposition auch bei Wörtern wie *Angebot, Auftrag, Bestellung* festgesetzt, wo man sie eigentlich nicht erwartet.

Ebenfalls auf ein Schriftstück bezieht sich *von (vom)*, wenn es ein Datum angibt *(Ihr Auftrag, Ihre Bestellung, Ihre Rechnung vom 3. August 1971)*. Diese Verbindung wird in der folgenden Aufstellung nicht berücksichtigt. Die Stichwörter der Aufstellung sind im übrigen nicht alphabethisch, sondern nach der sachlichen Zusammengehörigkeit geordnet. Wo feste Verbindungen mit v o r a n g e h e n d e n Präpositionen bestehen, sind sie gleichfalls genannt.

○ A n g e b o t : Das Angebot *an/von Gemüse* ist gering. *In Brauereiaktien* herrscht Angebot vor. Sie finden bei uns ein reichhaltiges Angebot *in Elektrogeräten, Haushalts- und Küchenmaschinen*. Wir bitten Sie um Ihr Angebot *über/für die Lieferung* von 3 000 Stück Tauchsiedern. Ich erhielt zwei Angebote *auf den Barockschrank*. Das günstigste Angebot *auf die Ausschreibung* kam von einer süddeutschen Firma. Der Künstler hat ein Angebot *nach Berlin, in die Schweiz, an das Burgtheater* erhalten (= man hat ihm von dort Engagements angeboten). Ein Angebot *aus/nach Amerika* lehnte er ab.

○ A u f t r a g : Wir erteilen Ihnen einen Auftrag *auf/zur Lieferung* von 30 Kühltruhen. Wir erteilen Ihnen einen Auftrag *über/*(seltener:) *auf 30 Kühltruhen*. – Er unterschrieb *im Auftrag* seiner Firma.

○ B e s t e l l u n g : Wir erhielten eine Bestellung *auf/über/*(seltener:) *von/*(selten:) *für 10 Tonnen Zement*. Wir danken Ihnen für Ihre Bestellung *von 3 000 Litern / auf/über 3 000 Liter Heizöl*. Bestellungen *von Büchern/für Bücher* sind an die Zentrale zu richten. – Er liefert nur *auf Bestellung*.

○ L i e f e r u n g : Die Lieferung *von Kohlen, von 100 Zentnern Kartoffeln* ist Sache der Gemeinde. Die Lieferung *für Sie, für das Krankenhaus* ist gestern abgegangen. Wir zahlen *bei Lieferung*, 8 Tage *nach Lieferung*.

○ A u s v e r k a u f : Ausverkauf *wegen Geschäftsaufgabe*. Großer Ausverkauf *in Teppichen und Gardinen*. – Ich habe die Sessel *im Ausverkauf, beim Ausverkauf* erworben.

○ V e r k a u f : Herstellung und Verkauf *von Möbeln, von Textilien*. Verkauf nur *an Wiederverkäufer*. – Das Haus steht *zum Verkauf*, soll *zum Verkauf* kommen. Er arbeitet *im Verkauf* (= in der Verkaufsabteilung).

○ V e r t r i e b : Vertrieb *von Getränken* aller Art. Er führt Waren zum Vertrieb *an Gaststätten*. – Sie arbeitet *im Vertrieb* (= in der Vertriebsabteilung).

O Handel: Er hat einen Handel *mit Konserven* /(kaufmänn.:) *in Konserven.* Der Handel *zwischen den beiden Ländern,* der Handel *mit Frankreich* hat sich gut entwickelt. – Das Buch ist nicht *im Handel* (nicht käuflich). Er will das Gerät *in den Handel* bringen, *aus dem Handel* ziehen.

O Nachfrage: Die Nachfrage *nach diesem Artikel* ist gestiegen. Es besteht keine Nachfrage *nach diesen Waren* / *für diese Waren. In diesen Waren* herrscht große Nachfrage.

O Bedarf: Ich habe keinen Bedarf *an* /(kaufmänn.:) *in Kohlen.* Der Bedarf *an Arbeitskräften* ist gestiegen. – *Bei Bedarf* wenden Sie sich bitte an uns. Wir kaufen je *nach Bedarf.* Wir sind *über Bedarf* eingedeckt.

O Ankauf: Der Ankauf *von Wertpapieren* ist Vertrauenssache. An- und Verkauf *von altem Schmuck.* – *Vor Ankauf* wird gewarnt!

O Einkauf: Ich brauche 200 Mark für den Einkauf *von Lebensmitteln.* – Er arbeitet *im Einkauf* (= in der Einkaufsabteilung).

O Vertrag: Ein Vertrag *über die Lieferung* von 200 Panzern wurde abgeschlossen. Die Regierung kündigte den Vertrag *über die Nutzung* der Ölvorkommen. Ich habe einen Vertrag *auf/für 5 Jahre.* Verträge *zwischen Minderjährigen, mit Minderjährigen* bedürfen der Einwilligung der Eltern oder der gesetzlichen Vertreter. – Die Sängerin wurde *unter Vertrag* genommen. *Laut Vertrag* hat er seinen Dienst heute anzutreten.

O Vereinbarung: Es gibt keine Vereinbarung *hierüber.* Die Vereinbarung *zwischen den Partnern* wurde geheimgehalten. – Preis *nach Vereinbarung.*

O Rechnung: Die Rechnung *für die Instandsetzung* des Geräts beträgt 230 DM. Er hat mir eine Rechnung *über 57 Mark* geschickt.

O Quittung: Er erhielt eine Quittung *für/über die gelieferten Waren.* Er hat mir eine Quittung *über 100 DM Anzahlung* ausgestellt. (Übertragen:) Das ist die Quittung *für deinen Leichtsinn!*

O Lieferschein: Der Lieferschein *über 1 Fernsehgerät* liegt diesem Schreiben bei.

O Bestellschein: Ich brauche Bestellscheine *für Bücher.* Schreiben Sie einen Bestellschein *für/über 500 Blatt Schreibmaschinenpapier* aus! (Besser nicht: einen Bestellschein *auf 500 Blatt*; vgl. S. 169 f.)

O Anweisung: Sie stellte mir eine Anweisung *auf/über 3 000.– DM* aus. – Auszahlung nur *auf Anweisung* des Vorstandes!

O Kredit: Er nahm einen Kredit [*in Höhe*] *von 5 000.– DM* auf. – Er hat die Maschine *auf Kredit* gekauft.

O Anleihe: Die Regierung legt eine Anleihe *von 100 Millionen Deutschen Mark* auf.

O Vorschuß: Er hat 1 000.– Mark Vorschuß *auf das Oktobergehalt* bekommen. Ich bitte um einen Vorschuß *von 200.– Mark.* – Er lebt *auf Vorschuß.*

○ Anzahlung: Sie hat eine Anzahlung *von 100.– Mark* geleistet.

○ Abzahlung: Er verwendete das Honorar für die Abzahlung *von Schulden.* – Sie hat den Kühlschrank *auf Abzahlung* gekauft.

○ Rate: Die Rate *für August, für die Waschmaschine* ist fällig. – Sie können *in Raten* bezahlen. Er hat zuviel *auf Raten* gekauft.

So schön wie damals – schöner als damals

Schöner als...? – Schöner wie...? Eigentlich wissen wir genau, wie es heißen muß, denn wir haben es in der Schule gelernt. Und trotzdem gehen uns Sätze wie diese leicht von der Zunge: *Er ist älter wie du. Besser wie heute ging es uns nie. Es kam anders, wie er gedacht hatte.* – In all diesen Fällen verlangt die Regel „als", nicht „wie"!

In der Geschichte unserer Sprache sind die Wörtchen *als* und *wie* wie zwei Ranken, die nebeneinander wachsen und sich umeinanderwinden. Einmal tritt dieses, das andere Mal jenes Wort stärker hervor, und oft fällt es schwer, einen Unterschied zwischen den beiden festzustellen.

Wo wir heute die Übereinstimmung beim Vergleich mit *wie* ausdrücken *(Er ist so groß wie du; schnell wie der Blitz, weiß wie Schnee, steif wie ein Stock),* da wurden in mittelhochdeutscher Zeit *so, also, alsam* und *als* gebraucht:

○ *Ez ist uns alsō leit sō dir* (Es tut uns so leid wie dir). *Wīz alsam ein swan* (weiß wie ein Schwan). *Des bin ich swœr' als ein blī* (Darum bin ich schwer wie ein Blei, liegt es bleischwer auf mir).

Wo wir aber den Unterschied mit *als* angeben *(Er ist größer als du; heller als tausend Sonnen),* da sagte man im Mittelhochdeutschen *danne, denne* (= nhd. *denn*):

○ *Die sint noch wīzer denne snē* (noch weißer als Schnee).

Zu Beginn der neuhochdeutschen Zeit, im 15. und 16. Jahrhundert, drängt *wie,* das bis dahin als Vergleichspartikel nur zwischen Sätzen stand, das *als, alsam* zurück. Lange Zeit hindurch kommen nun beide Partikeln als Bezeichnung der Übereinstimmung nebeneinander vor. So finden wir z. B. in Luthers Bibelübersetzung Sätze wie:

○ *Und sihe, da war Mirjam aussetzig wie der schnee* (4. Mose 12, 10) neben: *Und seine gestalt war wie der blitz und sein Kleid weis als der schnee* (Matth. 28, 3) und: *Es war aber in gantz Israel kein Man so schön als Absalom* (2. Samuel 14, 25).

Erst am Ende des 19. Jahrhunderts sind diese „als" im Bibeltext durch „wie" ersetzt worden.

Durch das Nebeneinander der beiden Wörter kam es auch zu der Doppelform *als wie,* die heute veraltet ist:

○ *Da steh' ich nun, ich armer Tor, und bin so klug als wie zuvor!* (Goethe, Faust I, 358 f.).

Aber auch das *als* kam im 16. Jahrhundert in Bewegung, es drang in den Bereich von *denn* ein und machte ihm Konkurrenz beim Komparativ: *Grüner als Klee, weißer als Schnee* ist seitdem der gewöhnliche Ausdruck des Mehrseins beim Vergleich. Aber in gehobener Sprache hat sich *denn* noch lange gehalten, wofür wir wieder die Bibel anführen können. Fügungen wie *höher denn alle Vernunft, größer denn unser Herz* sind uns von dorther bekannt, und es ist bezeichnend, daß man erst in unserer Zeit bei der Revision des Luthertextes (1956–64) den Mut hatte, hier das *als* der Alltagssprache in die deutsche Bibel einzuführen:

○ *... daß Gott größer ist als unser Herz* (1. Joh. 3, 20). *So viel der Himmel höher ist als die Erde, so sind auch meine Wege höher als eure Wege und meine Gedanken als eure Gedanken* (Jes. 55, 9).

In der Allgemeinsprache hat sich dieses *denn* beim Komparativ nur in der Verbindung mit „je" erhalten *(mehr denn je; sie war schöner denn je)* oder da, wo ein doppeltes „als" stehen müßte: *Er ist als Maler bekannter denn als* (statt: *als als*) *Dichter.* Aber solche Sätze sind doch gehobene Ausdrucksweise, und wenn gar ein Lehrer dem aufsässigen Schüler droht: *Ich habe schon ganz andere gebändigt denn Sie!,* dann ist das kaum geeignet, seine Autorität zu festigen.

Wir sehen also, wie unsere Sprache in diesem kleinen Bereich in Bewegung ist. *Wie* tritt für *als, als* für *denn* ein. Dabei wird aber doch der Unterschied zwischen Gleichsein und Anderssein gewahrt: Im Mittelhochdeutschen sind *als* und *denn,* im Neuhochdeutschen *wie* und *als* genau differenziert. Daran ändert es auch nichts, daß *als* und *wie* beide vor einem Substantiv stehen können. Sie haben auch hier verschiedene Aufgaben, denn *als* drückt eine Eigenschaft aus, und *wie* vergleicht:

○ *Er hat immer als Freund an mir gehandelt* (= Er war immer mein Freund). – *Er hat wie ein Freund an mir gehandelt* (= wie es ein Freund tun würde, als wenn er mein Freund wäre).

Diesem Streben nach Unterscheidung, nach Differenzierung des Ausdrucks steht allerdings ein Streben nach Ausgleich gegenüber, nach Vereinfachung. Auch dies ist in der Sprache ganz natürlich. Wo ein Mittel der Mitteilung genügt, erspart sie gern das zweite. Genügt nicht der Komparativ, um deutlich zu machen, daß ein Unterschied zwischen zwei Wesen oder Dingen besteht?

○ *Ilse ist größer wie ihre Schwester. Schlimmer wie damals kann es auch diesmal micht werden.*

Aber darüber hinaus hört man auch immer wieder Sätze wie diese:

○ *Er ist anders wie ich. Niemand wie du kann uns helfen. Es ist umgekehrt, wie du denkst.*

Hier ist gar kein Komparativ im Spiel. Sieht das nicht so aus, als sollte *wie* die einzige Vergleichspartikel werden (wir könnten auch sagen: ... *wie wenn wie die einzige Vergleichspartikel werden sollte*)?

Man könnte diese Entwicklung laufen lassen. Vielleicht ist der Sprachgebrauch doch stärker als alles regelnde Bemühen der Sprachpflege. Aber: Wissen wir das? Kann sich nicht auch der Gebrauch wieder ändern, wie es gerade in diesem Bereich schon früher geschehen ist?

Solange uns die Möglichkeit feiner Unterscheidung im Ausdruck gegeben ist, sollten wir sie auch wahrnehmen. Und wie der Engländer *as* und *than* (unserm alten *als* und *denn* entsprechend!) und der Franzose *comme* und *que* einsetzt, um das Gleichsein vom Anderssein zu scheiden, so sollten auch wir das *wie* und *als* benutzen, wie es die Sprache uns anbietet, und sollten in diesem Sinne weiterhin die bewährte Grammatikerregel beachten:

● Die Vergleichspartikel beim Komparativ ist in der heutigen Hochsprache *als,* n i c h t *wie: Ich bin älter als er. Sie ist heute schöner als damals.*

Und so wollen wir es auch in den anderen Zweifelsfällen halten:

○ *Er ist anders als ich. Niemand als du kann mir helfen. Es kommt kein Haus in Betracht als dieses. Mit dir hat man nichts als Ärger! Die Sache ist umgekehrt, als er sie darstellt.*

In allen diesen Fällen ist *als* besser als das alltagssprachlich bevorzugte *wie.*

Einen kurzen Blick müssen wir zum Schluß noch auf einige alte Formeln werfen, in denen sich *als* zur Bezeichnung des Gleichseins erhalten hat: *sowohl – als auch; so wenig / so schnell / so bald als möglich.* Hier ist heute das *wie* auch in der Hochsprache schon gleichberechtigt, und mit gutem Grund. Es ist also beides korrekt:

○ *Sowohl der Vater als/wie die Mutter; Er möchte so wenig als/wie möglich auffallen. Komm so bald als/wie möglich.*

Und auch in einer weiteren Fügung hat *wie* mehr Chancen als das alte *als:*

○ *Unser Umsatz ist heute doppelt so groß wie vor drei Jahren* (oder: *doppelt so groß als vor drei Jahren*).

Obwohl hier in der Sache eine Ungleichheit („doppelt") vorliegt, zieht man heute vor, *wie* zu sagen, vielleicht im Anschluß an die geläufige Verbindung *so groß wie...* Aber auch hier sind beide Formen des Satzes korrekt.

Der wuchernde Dativ

Die Scheu vor dem Genitiv, von der in diesem Buch schon einmal (S.136) die Rede war, hat ein merkwürdiges Gegenstück in der übermäßigen Anwendung eines anderen Falles, des Dativs in der Apposition. Zunächst einige Beispiele:

○ ...hatte die Bundesbank Bedenken gegen die Ausprägung einer 100-Mark-Goldmünze als *gesetzlichem Zahlungsmittel* geltend gemacht (Mannheimer Morgen 29. 7. 70, S. 12). Am Ufer der Ihme, *einem Nebenarm* der Leine in Hannover (Stern 26/1971, S. 139). Im Kreise meiner Kollegen, *den Beamten* der Berufsfeuerwehr H., sind Zweifel aufgetreten (Anfrage an die Dudenredaktion, 24. 11. 69).

Was stimmt hier nicht? Um diese Frage zu klären, müssen wir einen kurzen Blick auf die Besonderheiten der Apposition im Deutschen werfen.

Die Apposition ist, wie die Grammatik sagt, ein substantivisches Attribut, das den gleichen Kasus hat wie sein Bezugssubstantiv; einfacher ausgedrückt: ein Substantiv, das als Beifügung bei einem anderen Substantiv steht und mit diesem im Fall übereinstimmt.

Die Apposition (auch Beisatz genannt) kann unmittelbar vor oder hinter ihrem Substantiv stehen oder mit *als* oder *wie* angeschlossen sein. Solche Appositionen sind u.a.:

○ Der *Regierungsbezirk* Wiesbaden; der *Monat* Januar; ein Zentner *kanadischer Weizen*; die Universität *Marburg*; Dr. Meier *als Arzt*; ein Mann *wie mein Vater*.

Was hier Apposition, was Bezugswort ist, ergibt sich oft erst aus dem Zusammenhang, z. B. unterscheidet man den *Regierungsbezirk* und die *Stadt* Karlsruhe und andererseits die Universitäten *Marburg* und *Gießen*. Man kann aber ebensogut die Regierungsbezirke *Wiesbaden* und *Darmstadt* nebeneinanderstellen, dann sind die Städtenamen die Appositionen.

Die Apposition erscheint aber auch als nachgetragener Einschub oder Zusatz. Sie wird dann durch Komma abgetrennt, steht jedoch gleichfalls in dem Kasus ihres Bezugswortes:

○ Ich besuche Karl, *meinen alten Freund*. Von diesem Buch, *einer Erstausgabe*, gibt es nur noch 10 Exemplare. Der Tod Konradins, *des letzten Hohenstaufen*.

Mit dieser nachgetragenen Apposition hat die Sprache ein Mittel, ganze Wortgruppen als charakterisierende Beifügungen an ein Substantiv anzuschließen, ohne daß ein Nebensatz nötig würde (Karl, *der ein alter Freund von mir ist* – Karl, *mein alter Freund*). Solange die beiden Substantive im Kasus übereinstimmen, ist auch alles in Ordnung. Oft weicht aber das zweite Substantiv in den Nominativ aus, und dann ist es schwer zu entscheiden, ob eine Apposition im „verkehrten" Fall oder nur das Restglied eines erläuternden Satzes vorliegt. Denn das Subjekt eines solchen Satzes steht natürlich auch im Nominativ. Hier ein Beispiel:

○ A p p o s i t i o n : Die Besatzung bestand aus Finnen, Norwegern, Schweden, alles *Männern* von echtem Schrot und Korn.

○ R e s t g l i e d (oder Apposition mit Kasusabweichung?): Die Besatzung bestand aus Finnen, Norwegern, Schweden, alles *Männer /* [*es waren*] *alles Männer* von echtem Schrot und Korn.

Aber auch abgesehen von solchen Möglichkeiten steht die Apposition heute oft im Nominativ und weicht damit vom Fall ihres Bezugssubstantivs ab:

○ Die Entlarvung des Generals *als eigentlicher Drahtzieher* (a b e r mit Artikel nur:) ... *als des eigentlichen Drahtziehers*. Der Ruf Jesse Owens *als fairer Sportler / als eines fairen Sportlers*. – N i c h t korrekt, wenn das Bezugswort im Dativ steht: mit Dr. Meier *als leitender Arzt* (richtig: *als leitendem Arzt*). Aber ohne „als": Handbuch der Chirurgie, herausgegeben von Dr. H. Meier, *leitender /* (selten:) *leitendem Arzt* am Städtischen Krankenhaus X.

Wir sehen also, daß die Apposition mit mehr oder weniger guten Gründen in den Nominativ ausweichen kann. Sie wirkt dann auf den Leser wie ein selbständiges, nur lose angereihtes Substantiv, das das vorhergehende ergänzen oder erläutern soll. Umso mehr wundert es uns, wenn nun ein solches Substantiv im Dativ steht. Will man es damit wieder fester an sein Bezugswort binden, und warum nimmt man dafür den falschen Kasus?

Denn eines ist sicher: eine g r a m m a t i s c h e R i c h t i g k e i t kann dieser Dativ n i c h t für sich beanspruchen. Betrachten wir die folgenden Beispiele, dann lassen sich zunächst drei mögliche Gründe für den Dativ erschließen. Aber keiner davon hält einer ernsthaften Prüfung stand.

a) Oft will man nur eine Häufung von Genitiven vermeiden, wagt aber nicht die Abweichung in den scheinbar bindungslosen Nominativ:

○ Die Entwicklung des dampfgekühlten schnellen Brüters *als selbständigem Teilprojekt* ... wird ... eingestellt (Mannheimer Morgen 8./9. 2. 69, S.

22); richtig wäre: ... *als selbständigen Teilprojekts* oder ... *als selbständiges Teilprojekt).* Es ist das Kriminalspiel der schönen Männer *wie Paul Hubschmid, Karl Heinz Vosgerau und dem Fernsehneuling Peter Eschberg* (Ebenda 19.3. 70, S. 13; richtig: [wie es] ... *und der Fernsehneuling* ... [sind]. Die Aussagen seiner einzigen Nachbarn, *ein paar Siedlern oder Viehhirten* ohne Herren, schienen keine Zweifel darüber zu belassen (G. Household, Geh nicht hinaus bei Nacht [Übersetzung], nach Mannheimer Morgen 6./7. 6. 70, S. 80; besser wäre: ... *einiger Siedler* ...). Nur durch Zusammenarbeit aller, *den verantwortlichen Unternehmern sowie den Angestellten und Arbeitern,* kann die Sicherheit im Betrieb erhöht werden (Rundschreiben einer Berufsgenossenschaft, April 1969; hier ist nur der Genitiv korrekt). ... wenn sich auch gegen diese Überbewertung des Volksmunds *als einzigem Regulator* der Sprachentwicklung einiges sagen ließe (W. E. Süskind, in: Südd. Zeitung 8. 10. 69; richtig: ... *als einzigen Regulators* oder ... *als einziger Regulator).*

Übrigens: Der „MM" möge seinem Leser die vielen Zitate verzeihen. Andere Tageszeitungen hätten sicher die gleiche Ausbeute ergeben. Auch Schriftsteller und Gelehrte sind hier nicht gefeit (siehe unten!). So wollte ein Professor schreiben „Das Komturkreuz des heiligen Gregor *dem* Großen", entschied sich aber nach einem Anruf bei der Sprachberatung doch für die richtige Form *„des heiligen Gregor des Großen".*

b) Ein weiblicher Genitiv kann mit dem gleichlautenden Dativ verwechselt werden und zieht dann einen weiteren Dativ nach sich:

○ ... unweit *der alten Festung* Germersheim, *jenem traditionellen Manöverfeld* in der Kaiserzeit (Mannheimer Morgen 14.10. 70, S. 12; nach „unweit" steht der Genitiv!). ... Ausprägung *einer 100-Mark-Goldmünze als gesetzlichem Zahlungsmittel* (s. o.).

c) In einigen Fällen wirkt eine vorher gebrauchte Präposition fort, wenn auch ohne grammatische Berechtigung (vgl. oben *am* Ufer der Ihme, *einem Nebenarm* ...):

○ *Mit* Hilfe des Allerflüchtigsten, Oberflächlichsten, *dem Gespinst* von Gerede, Klatsch und Gerüchten ... versucht Pinget die Wirklichkeit ... zu dokumentieren (Börsenblatt des deutschen Buchhandels 20/1970, S. 1676; *mit Hilfe des* – *mit dem*! Richtig wäre: *des Gespinstes). Im* Schoße der nunmehr alten Gesellschaftsordnung, *dem Feudalismus,* ... (aus einem Schulbuch der DDR, nach Sprachpflege 7/1969, S. 141). ... *beim* Studium älterer Sprachstufen und *ihren literarischen Zeugnissen* (S. Grosse, in: Germanistische Mitteilungen 2/1970, S. 3; richtig: *und ihrer literarischen Zeug-*

In den folgenden beiden Belegen spielt vielleicht mit, daß *über* mit dem Dativ und dem Akkusativ verbunden werden kann:

○ Seit über 25 Jahren wird inzwischen *über Interferon, einer körpereigenen Substanz* ... *gearbeitet* (K. Müller-Christiansen, in: Mannheimer Morgen 20. 5. 81, S. 3; richtig ist nur der Akkusativ: *über eine Substanz arbeiten).* Ähnlich: Wir haben keinen, nicht den geringsten Grund, über den „Ersten

Kreis der Hölle" *als einer Darstellung* stalinistischer Untaten...zu trium-
phieren (Heinrich Böll, über A. Solschenizyn, Börsenblatt des deutschen
Buchhandels 83/1970, S. 6344; richtig: ... *als eine Darstellung*).

Das meiste ist aber wohl unbewußte Nachahmung von Mustern, die
man irgendwo gelesen hat, ohne sie kritisch zu bedenken. Für die folgenden Beispiele läßt sich jedenfalls keine noch so vage grammatische Anknüpfung finden:

○ Dabei geht es um den 37 Millionen Mark teuren Kennedy-Damm, *einer
als kreuzungsfrei geplanten Schnellstraße (Mannheimer Morgen 20. 4. 70, S.
11; richtig: *eine als kreuzungsfrei geplante* ...). Den ersten großen Pauken-
schlag im Düsseldorfer Ermisch-Prozeß gab es gestern, *dem 13. Verhand-*
lungstag (Mannheimer Morgen 8. 7. 69; richtig: *am 13. Verhandlungstag*;
vgl. die häufige falsche Datumsangabe in Briefen: Köln, *dem 11. 4. 70,*
statt: Köln, *den 11. 4. 70*).

Tatsächlich: Dieser Dativ wuchert auf Beeten, wo er nichts zu suchen
hat. Und er tut das seit mindestens 150 Jahren, denn die ersten Bele-
ge dieser Art stammen aus dem Anfang des 19. Jahrhunderts. Vielleicht empfahl er sich damals schon als deutlicher Beugefall mit seinem kräftigen -*m* und -*r*? Aber auch das Alter rechtfertigt diese Stö-
rung des Systems nicht. Ein Beugefall vom Dienst, den man nach Bedarf einsetzen kann? Wir können den falschen Dativ in der Apposition nur zu den vielen Gedankenlosigkeiten zählen, die sich in der
Sprache breitmachen, sobald die Selbstkritik des Sprechers oder
Schreibers nicht mehr ausreicht.

Scheuen wir uns also nicht vor dem Genitiv, wo ihn der Zusammenhang fordert, und setzen wir den Dativ nur dort ein, wo auch das Bezugswort in diesem Fall steht:

○ Ich sprach *mit diesem Mann, einem vorzüglichen Kenner* Südamerikas.
Sie gleicht *ihrer Mutter, der bekannten Schauspielerin.* Auch *von Rolf Stom-*
melen, dem einzigen deutschen Grand-Prix-Fahrer, hatte man ein solch
großartiges Rennen kaum erwartet.

Am Dienstag, dem 10. August

Heißt es *am Dienstag, dem*... oder *am Dienstag, den*...? Das ist eine
der häufigsten Fragen, die der Dudenredaktion bei ihrer Sprachberatung gestellt werden. Die Antwort könnte man leicht nachschlagen,
sie hat seit langem ihren festen Platz in den Vorbemerkungen zum
Duden (vgl. jetzt: 18. Auflage 1980, S. 26, R 44 f.). Schauen wir einmal näher zu, was sich hier tut!

Um ein Datum zu bestimmen, hat die deutsche Sprache im ganzen
gesehen zwei Möglichkeiten. Sie kann eine Präposition verwenden,
meist *an* in der Form *am = an + dem:*

○ *am Dienstag, am 10. August, am kommenden Sonntag, an Neujahr, am Ostermontag, am Tag der Arbeit.* – Mit anderen Anschlüssen: Wir erwarten ihn *zum/für den 5. Mai*; die Sitzung wurde *auf den 5. Mai* vertagt.

Sie kann aber auch den bloßen Akkusativ der Zeit anwenden (er heißt auch adverbialer Akkusativ, weil er als adverbiale Bestimmung gebraucht wird):

○ *nächsten Dienstag*; Mannheim, *den 3. Juni*; oder allgemeiner: *kommende Woche, vergangenen Herbst, letztes Jahr.* Wir verreisen *diesen Sommer* im August.

Stehen nun zwei Bezeichnungen für den gleichen Tag nebeneinander, so ist es das natürlichste, wenn beide im gleichen Fall stehen. Entweder im Dativ mit *am:*

○ *Am Dienstag, dem 10. August, reisen wir ab.*

Oder im adverbialen Akkusativ:

○ *Nächsten Dienstag, den 10. August, reisen wir ab.*

Bei diesen beiden Formulierungen des Datums ist der Monatstag ein nachgestellter Beisatz (eine nachgestellte Apposition) zum Wochentag. Denn der Beisatz steht nach der grammatischen Regel im gleichen Fall wie sein Bezugswort. Und – um das gleich zu sagen – dieser Beisatz wird in Kommas eingeschlossen, weil er im Sinne der Kommaregeln eine nachgestellte genauere Bestimmung ist.

Fehlen nur Beifügungen wie „nächsten, diesen, kommenden", dann ist zwar der Akkusativ des Wochentages nicht mehr erkennbar. Der Monatstag behält aber den kennzeichnenden Artikel „den":

○ *Dienstag, den 10. August, reisen wir ab.*

Das sind also die beiden möglichen Ausdrucksweisen für das Datum: Der Dativ mit *am* und der adverbiale Akkusativ. Im Sprach- und Schreibgebrauch haben sie sich oft vermischt, so daß der Wochentag im Dativ mit *am,* der Monatstag aber im Akkusativ steht:

○ *Am Dienstag, den 10. August reisen wir ab.*

Diese Form ist früher oft als falsch gerügt worden. Man hielt sie für eine unerlaubte Kasusabweichung in der Apposition. Wer aber das Obengesagte bedenkt, der erkennt, daß hier ganz einfach zwei voneinander unabhängige Zeitangaben zusammenkommen. Wir haben keine falsche Apposition vor uns, sondern eine A u f z ä h l u n g. Darum setzen wir auch nach dieser Form des Datums k e i n Komma.

Diese Schreibweise ist natürlich auch bei der Form ohne *am* möglich, wenn der Fall, in dem der Wochentag steht, nicht mehr erkennbar ist:

○ *Dienstag, den 10. August reisen wir ab.*

Aus all dem ergibt sich, daß der Schreibende volle formale Freiheit hat. Er kann die grammatisch strenge Form der Apposition wählen oder die losere Form der Aufzählung selbständiger Zeitangaben. Er muß nur darauf achten, daß er bei der Apposition das zweite Komma setzt und daß er es bei der Aufzählung wegläßt. Gebraucht er das Wörtchen *am* gar nicht, dann kann er auch gar nichts falsch machen:

   ○ *Dienstag, den 10. August, reisen wir / Dienstag, den 10. August reisen wir.*

Eins aber muß noch gesagt werden: Einen adverbialen D a t i v gibt es nicht! Der Dativ kann in der Zeitangabe nur mit einer Präposition verbunden auftreten. Was man also oft bei Briefen liest: *Dienstag, dem 10. August* oder gar: *Mannheim, dem 10. August* – das ist falsch!

Mißglückte Anlegemanöver

Zwei Meldungen standen am gleichen Tag, dem 3. Mai 1971, in der Zeitung:

   ○ [Die russischen Kosmonauten hatten] mit dem Raumschiff „Sojus X" bei einem Anlegemanöver an die Raumstation „Salut" ein neues Kopplungsgerät erprobt.

   ○ Bei einem Ausbruchsversuch aus der geschlossenen Abteilung der Nervenheilanstalt München-Haar hat sich der ... 32jährige Jörg-Hagen Roll schwere Verletzungen zugezogen.

Von ganz verschiedenen Dingen handeln diese Sätze, doch etwas haben sie gemeinsam: sie wollen dramatische Vorgänge mit Hilfe von Substantiven darstellen:

   ○ ...bei einem *Anlegemanöver an die Raumstation*... Bei einem *Ausbruchsversuch aus der geschlossenen Abteilung*...

Wer das liest, hat gleich eine Vorstellung davon, was da geschah:

   ○ Das Raumschiff *legte mit einem schwierigen Manöver an die Raumstation an* (wobei ein neues Gerät erprobt wurde). – Der Gefangene *versuchte, aus der geschlossenen Abteilung auszubrechen* (wobei er sich schwer verletzte).

In beiden Berichten wird also eine Zusammensetzung gebildet *(Anlegemanöver, Ausbruchsversuch)*, an die mit einer Präposition eine Beifügung angeschlossen wird *(an die Raumstation, aus der geschlossenen Abteilung)*.

Das sind ganz übliche Formen und Mittel der deutschen Sprache. Aber es ist doch ein Haken dabei. Sehen wir näher zu! Eine Zusammensetzung ist immer ein Wort für sich. Sie ist nicht einfach eine lose Addition ihrer Teile. Und in jeder Zusammensetzung (mit seltenen

Ausnahmen, die wir hier beiseite lassen können) bestimmt der zweite Teil, das sog. Grundwort, nicht nur Geschlecht und Beugung, sondern auch die eigentliche Bedeutung des ganzen Wortes. Die *Haustür* ist eine *Tür* und kein *Haus,* der *Ausbruchsversuch* ist ein *Versuch,* aber noch nicht der *Ausbruch* selbst.

Daraus ergibt sich aber, daß sich das Attribut bei einer Zusammensetzung auf das Grundwort beziehen muß. Es darf nicht nur zum ersten Bestandteil der Zusammensetzung (dem sog. Bestimmungswort) passen. Es gibt z. B. keine *mehrstöckige Haustür,* weil es keine *mehrstöckige Tür* gibt (vgl. S. 172). Und es gibt keinen *Ausbruchsversuch aus dem Gefängnis,* weil es keinen *Versuch aus dem Gefängnis* gibt.

Solche Fehler werden besonders oft dann gemacht, wenn das erste Glied der Zusammensetzung ein Verbalsubstantiv ist. Man will, wie es in unsern beiden Beispielen geschehen ist, einen Vorgang zusammenfassen, um ihn in einen Satz einzubauen, der von einem andern Vorgang berichtet. Beide Vorgänge hängen zusammen, aber der zweite ist für den Erzähler der wichtigere. Statt nun einen Nebensatz zu bilden (*Als Roll versuchte, aus der geschlossenen Abteilung auszubrechen,* zog er sich Verletzungen zu), wählt man die kürzere Zusammensetzung *Ausbruchsversuch;* aber nun gibt es Schwierigkeiten, die Raumangabe *aus der geschlossenen Abteilung* unterzubringen. Was bei solchen sprachlichen „Anlegemanövern" herauskommen kann, mögen uns weitere Beispiele zeigen:

○ Unter den Dokumenten befindet sich eine ... *Eintrittserklärung in die Pfeilkreuzlerpartei* (Der Spiegel 48/1965, S. 40).

○ Einige Kunstwerke an den Stadteinfahrten werden...sogar eine Art *Hinweischarakter auf die Stadt* haben (Mannheimer Morgen 13. 7. 71, S. 24).

○ Die Alliierten nehmen lediglich ihre *Zugangsrechte in die Stadt* wahr (Die Welt 4. 3. 1969, S. 5).

○ ...insbesondere im Blick auf die *Besetzungsschwierigkeiten mit geeigneten Kindergärtnerinnen...* (Hauptbericht des Ev. Oberkirchenrates in Karlsruhe für 1969, S. 94).

In allen diesen Fällen werden also die Objekte, die zu den vorausliegenden Verben gehören (*er tritt in die Partei ein; etwas weist auf die Stadt hin* usw.), zu Attributen der Verbalsubstantive gemacht – die aber selbst gar nicht mehr als selbständige Wörter erscheinen – sondern in einer Zusammensetzung aufgegangen sind.

Und hier erkennen wir noch etwas anderes: Zusammensetzungen wie *Eintrittserklärung, Zugangsrechte, Besetzungsschwierigkeiten* sind längst feste Bestandteile der Verwaltungs- und Rechtssprache geworden und wurden auch der Allgemeinheit durch den häufigen Ge-

brauch in der Zeitung ganz geläufig. Sie bieten sich also dem Berichterstatter wie von selbst an. Aber sie sind eben Worteinheiten, zu denen man nicht beliebig Attribute hinzufügen kann, die nur einen Teil
der Einheit betreffen. Was vorhin gesagt wurde, müssen wir noch
konsequenter formulieren:

● Das Attribut einer Zusammensetzung muß sich auf die ganze Zusammensetzung beziehen, es darf nicht irgendeinen Teil allein betreffen.

Wollen wir die oben genannten Beispiele in Ordnung bringen, dann
gibt es nur drei Möglichkeiten, unter denen wir nach Bedarf wählen
können:

Entweder setzen wir eine Präposition ein, die das Attribut deutlich
auf das Wortganze bezieht. Die Präposition „für" z. B. drückt die
bloße Zuordnung und Zweckbestimmung aus:

    ○ *Eintrittserklärung für eine Partei; Zugangsrechte für Berlin.*

Oder man verzichtet auf die Ergänzung, wenn sie aus dem Zusammenhang bekannt ist:

    ○ Die Alliierten nehmen lediglich ihre *Zugangsrechte* wahr.

Oder, und dies ist meist der richtige Weg, man löst die nur scheinbar
so bequeme Zusammensetzung auf und stellt das Attribut dahin, wo
es hingehört:

    ○ Die Besatzung hatte *beim Anlegen an die Raumstation* ein neues Kopp-
    lungsgerät erprobt. (Auf das Wort „Manöver" kann man hier verzichten!)
    Beim Versuch, aus der geschlossenen Abteilung auszubrechen... Einige
    Kunstwerke werden eine Art *Hinweis auf die Stadt* enthalten. (Das Wort
    „Charakter" ist überflüssig!) ...im Blick auf die *Schwierigkeit der Beset-*
    zung mit geeigneten Kindergärtnerinnen...

Man hat diesen Fehler, der häufiger ist, als man denkt, aber meist gar
nicht als solcher erkannt wird, oft mit dem Schlagwort *„Abfahrtszeit
nach Kassel"* bezeichnet. (Dieses Beispiel, richtig: *Zeit der Abfahrt
nach Kassel,* steht schon in der 1. Auflage von Wustmanns Sprach-
dummheiten, 1890). Der Ausdruck ist wohl in Analogie zu andern bei
der Bahn gebräuchlichen *(der Personenzug nach Kassel, eine Fahrkarte nach Kassel)* gebildet worden, aber er ist deshalb auch nicht richtiger als die oben behandelten Beispiele. Bei *Personenzug* und *Fahrkarte* kann niemand einen Bezug auf das erste Glied der Zusammensetzung empfinden. Aber ein Verbalsubstantiv wie *Abfahrt* verlangt so
sehr die Verbindung mit der Zielangabe, daß der Ausdruck *Abfahrtszeit nach Kassel* sprachlicher Unsinn wird. Die Zeit kann sich nicht
nach einem Ort hin bewegen!

Manchmal wird auch ein Genitivattribut falsch angeschlossen. Richtig ist z. B. die Fügung *der Rentenanspruch des Angestellten* (weil Angestellte einen Anspruch auf Rente haben). Falsch sind aber die folgenden Beispiele:

○ *die Meldepflicht der Berufskrankheiten* (die Berufskrankheiten haben keine Pflichten!); *das Vertretungsrecht des Kindes* (das Kind wird vertreten, es vertritt sich nicht selbst!); *Geschäftsinhaberinnen modischer Artikel* (nicht die Artikel, sondern die Geschäfte haben Inhaberinnen!)

Hier muß es richtig heißen:

○ *die Pflicht zur Meldung der Berufskrankheiten; das Recht auf Vertretung des Kindes; Inhaberinnen von Geschäften für modische Artikel.*

Anders ist es dagegen, wenn wirklich eine Zuordnung der ganzen Zusammensetzung vorliegt: *der Geschichtsschreiber Karls des Großen* (= sein Geschichtsschreiber), *die Lebensbeschreibung Clara Schumanns* (= ihre Lebensbeschreibung); *der Finanzverwalter unserer Gesellschaft* (= unser Finanzverwalter).

Es gibt noch eine andere Art falscher Attribute. Davon soll im folgenden Kapitel gesprochen werden.

Kleines Kindergeschrei?

Ein falsch vorangestelltes Attribut vor einer Zusammensetzung findet man seltener als das nachgestellte, von dem im vorigen Abschnitt die Rede war. Das liegt wohl daran, daß der Fehler hier viel deutlicher sichtbar wird.

Man kann zwar *ein großes Geschrei* erheben. Aber *ein kleines Geschrei*, was ist das? Wer wird also schon *kleines Kindergeschrei* statt *Geschrei kleiner Kinder* oder auch *Kleinkindergeschrei* sagen? Altbekannt sind die drolligen Wortfügungen, mit denen man sich über solche Fehlbildungen lustig macht. Das fängt bei der *frischen Eierfrau* und dem *gedörrten Zwetschenmännchen* an, und mit dem *wilden Schweinskopf,* dem *geräucherten Fischladen,* dem *mehrstöckigen Hausbesitzer* und dem *siebenköpfigen Familienvater* hört es noch lange nicht auf. Solche Schlagwörter sind schnell zur Hand, wenn einer unserer lieben Mitbürger versehentlich eine entsprechende Fügung zustande bringt. Immerhin schlüpft doch ab und zu etwas Derartiges unbemerkt durch alle Kontrollen und wird gedruckt.

○ Was ist wohl das *nukleare Brennstoffproblem,* von dem einmal in der Presse zu lesen war? Nukleare Probleme haben wir genug, seit die erste Atombombe fiel, aber hier geht es um die Schwierigkeiten, genug spaltbares Uran, also *nuklearen Brennstoff,* zu finden. Weniger gefährlich ist das

Eiserne Hochzeitspaar in Flörsheim, das der Wiesbadener Kurier vom 21.6.
1958 seinen Lesern vorführte. Das ist schon beinahe ein geläufiger Ausdruck! Wenn es aber nach dem schweren Zugunglück von Rheinweiler
heißt: „Der Vizepräsident des Landtags... sprach den Angehörigen der
Opfer Beileid und den Verletzten *baldige Genesungswünsche* aus (Mannheimer Morgen 23.7.71, S. 12), dann hat hier ein Zeitungsmann nicht auf-
gepaßt. Es kann natürlich nur „Wünsche für baldige Genesung" heißen.
(Übrigens ist der Satz auch sonst nicht korrekt. Man „spricht jemandem
sein Beileid aus", aber „einen Wunsch aussprechen" wird nicht mit dem
Dativ verbunden! Besser wäre: ... *und wünschte den Verletzten baldige Genesung.*)

Ein anderes Beispiel, das gleich zwei Fehler enthält, steht im Leipzi-
ger Buchhändlerbörsenblatt Nr. 11/1971, S. 115:

    ○ Sie [die „Lubok" genannten Holzschnitte] besitzen *präzise Aussagekraft
    über die altrussische Kunst.*

Hier wird nicht nur die Kraft präzise genannt, sondern es soll auch
noch eine *Kraft über die altrussische Kunst* geben. Gemeint ist natürlich die *Kraft präziser Aussage über die altrussische Kunst,* und dieses
Beispiel hätten wir ebensogut im vorigen Kapitel (S. 170) anbringen
können. So etwas kann einem fixen Werbetexter schon einmal passieren.

Wir wollen aber nicht übersehen, daß es auch Fügungen mit solchen
Attributen gibt, die sprachüblich geworden sind, ohne daß man noch
daran Anstoß nimmt:

    ○ *Das Bürgerliche Gesetzbuch, die deutsche Sprachwissenschaft, das gehei-
    me Wahlrecht, eine medizinische Buchhandlung.*

Die Adjektive in diesen Fügungen gehören inhaltlich zunächst zum
ersten Glied der Zusammensetzung. Es ist ja nicht ein „bürgerliches
Buch", eine „deutsche Wissenschaft" oder ein „geheimes Recht" gemeint. Hier wirkt sich aber der besondere Charakter der Zusammensetzung im Deutschen aus: Sie ist e i n Wort, und das Attribut läßt
sich in den genannten Fällen ohne weiteres auf die ganze Zusammensetzung beziehen: Die *deutsche Sprachwissenschaft* ist eine aufs
Deutsche bezogene Sprachwissenschaft, das *Bürgerliche Gesetzbuch*
steht dem Strafgesetzbuch gegenüber und hat sein Namensvorbild
wohl im Code civil der napoleonischen Zeit, und die *medizinische
Buchhandlung* hat in ähnlicher Weise mit Medizin zu tun wie eine
medizinische Vorlesung. Nur das *geheime Wahlrecht* läßt sich mit solchen Argumenten kaum rechtfertigen, der Ausdruck ist wohl durch
Verkürzung des staatsrechtlichen Begriffs „allgemeines, gleiches und
geheimes Wahlrecht" entstanden, dessen erste zwei Attribute sich
korrekt auf die ganze Zusammensetzung beziehen.

Hierher gehören auch bestimmte Straßennamen, deren unkorrekte Form meist aus grammatisch sorgloseren Zeiten überliefert ist:

○ *Braune Hirschgasse* (= Gasse am *Braunen Hirsch,* nach einem Hausnamen), *Lange Rötterstraße* (die *langen Rötter* waren Gräben zum Rösten des Flachses), *Düsterer Eichenweg.*

Manche Bildungen dieser Art sind durch einen orthographischen Trick „dudenrein" gemacht worden, man schreibt sie zusammen oder mit Bindestrichen:

○ *Rote-Kreuz-Schwester,* auch in der Form *Rotkreuzschwester, Armesünderglocke, Sauregurkenzeit, Loseblattausgabe, Arme-Leute-Geruch, Altweibersommer, Kleinkindergeschrei.*

Und ausgerechnet der *Rote-Kreuz-Schwester* gesteht der Duden heute noch eine innere Flexion zu, die aus der falschen Attribuierung stammt, von der wir hier reden; Genitiv: *der Roten-Kreuz-Schwester,* Plural: *die Roten-Kreuz-Schwestern.* So zäh sind manche Gewohnheiten! Man sollte das -n- lieber weglassen, und am besten sollte man *Rotkreuzschwester, Rotkreuzlotterie, Rotkreuzkrankenhaus* usw. sagen.

Ein merkwürdiges Gegenstück zu alledem sind Personenbezeichnungen wie die *höhere Tochter,* der *angewandte Mathematiker,* der *anorganische Chemiker* und der *klassische Philologe.* Während das erste Wort eine scherzhaft-ironische Bildung zu dem Wort *höhere Töchterschule* (= höhere Schule für Mädchen) ist, sind die anderen meist gedankenlos gebrauchte Ableitungen aus den Fügungen *angewandte Mathematik, anorganische Chemie* und *klassische Philologie.* Wenn auch die herkömmliche Achtung vor den „klassischen" Sprachen Latein und Griechisch dem „klassischen Philologen" eine gewisse Duldung verschafft hat (besser und üblicher ist heute die Bezeichnung „Altphilologe"), so ist er doch um keinen Deut besser als der „anorganische Chemiker". Und dabei gibt es sogar eine offizielle „Anorganische Nomenklatur-Kommisssion" in der Chemie. Sie beschäftigt sich mit der Namengebung für die anorganischen Stoffe und ihre Verbindungen, aber ihr eigener Name ist wohl auch etwas anorganisch geraten.

Beim Hinuntergehen der Wendeltreppe?

Eine Angestellte war im Büro „beim Hinuntergehen der Wendeltreppe ausgerutscht" und hatte sich den Fuß verstaucht. So stand es im Unfallbericht, und der das schrieb, hat wohl keine grammatischen Bedenken gehabt. Warum auch? Man sagt doch richtig:

○ Beim Verlassen des Hauses (= wenn man das Haus verläßt) ist die Tür zu schließen.

Warum nicht ebenso:

○ Beim Hinuntergehen der Treppe (= wenn man die Treppe hinuntergeht)?

Oder ist hier doch ein Haken dabei? – Setzen wir einmal ähnliche Sätze um, indem wir das Verb zum Substantiv machen:

○ Sie trat ans Ufer und sah den Fluß hinunter. (Beim Hinuntersehen des Flusses?) – Wir stiegen mühsam den Berg hinauf. (Das Hinaufsteigen des Berges war mühsam?)

Steigt da nun der Berg hinauf, oder steigen wir auf den Berg? Das erste wohl kaum! – Und daß der Fluß hinuntersieht, ist wohl auch „verkehrte Welt"!

Es zeigt sich also, daß man nicht jeden Akkusativ in ein Genitivattribut verwandeln kann. Denn das geschieht doch, wenn wir „Er verläßt das Haus (wen oder was?)" in „beim Verlassen des Hauses (bei wessen Verlassen?)" umwandeln. Die Grammatik nennt das einen Genitivus obiectivus, weil das Genitivattribut ein Objekt vertritt. Es gibt auch einen Genitivus subiectivus, der das Subjekt vertritt:

○ Der Fluß (wer?) rauscht – das Rauschen des Flusses (wessen?)

Diese Vorstellung paßt sicher nicht zu den oben angeführten Beispielen, deshalb haben wir sie dort als „verkehrte Welt" bezeichnet. Ein Genitivus obiectivus ist das aber auch nicht, denn – jetzt kommt der springende Punkt – in dem Satz „Sie sieht den Fluß hinunter" ist „den Fluß" gar kein Objekt, sondern eine Umstandsangabe. Dieser Akkusativ dient nur zur näheren Bestimmung des Adverbs „hinunter". Das zeigt sich auch daran, daß wir den Satz nicht ins Passiv setzen können, wie das bei Sätzen mit einem Akkusativobjekt fast immer möglich ist:

○ Er verläßt das Haus – Das Haus wird von ihm verlassen.

Aber nicht:

○ Der Fluß wurde von ihr hinuntergesehen. Der Berg wurde mühsam hinaufgestiegen. Die Wendeltreppe wurde hinabgegangen.

Es bleibt also dabei: Der Satz in dem Unfallbericht – und damit unsere Überschrift – ist nicht korrekt.

Wie hätte man es richtig machen sollen? Stilistisch am besten wäre es wohl, den Vorgang mit einem Verb auszudrücken:

○ Als ich die Wendeltreppe hinunterging, rutschte ich aus und verstauchte mir den Fuß.

Will man den substantivierten Infinitiv verwenden, der ja den Ausdruck etwas zu straffen vermag, dann muß man hier zu einer präpositionalen Fügung greifen:

○ Beim Hinuntergehen *auf der Wendeltreppe* rutschte ich aus und verstauchte mir den Fuß. Oder: Beim Hinuntergehen rutschte ich *auf der Wendeltreppe* aus...

Und da hat er gesagt, du hättest gesagt, ich hätte gesagt...

Die indirekte Rede steht im ersten Konjunktiv. Das ist die bekannte Regel. Aber es hält sich nicht jeder daran. Der schwatzenden Biedermeierdame, unter deren Konterfei in einem alten Büchlein die hübschen Worte unserer Überschrift stehen, wollen wir allerdings eines zubilligen: Sie glaubt nicht so recht daran, daß das, was da behauptet wird, mit der Wahrheit übereinstimmt. Darum gebraucht sie wohl den zweiten Konjunktiv von „haben", der ihre Zweifel besser zum Ausdruck bringt, weil er sich deutlicher vom Indikativ Präsens unterscheidet.

Hätte sie aber sagen sollen: *Und da hat er gesagt, du habest gesagt, ich habe gesagt*...? Das wäre den Zuhörerinnen wohl als verschrobene, hochgestochene Ausdrucksweise erschienen. Und „Ich habe gesagt" ist doch sogar die Wirklichkeitsform, der Indikativ! Oder nicht?

Nun, das ist die landläufige Meinung über den Konjunktiv. Sie trifft insofern zu, als die Grundregel „Die indirekte Rede steht im ersten Konjunktiv" dort ihre Grenze findet, wo der erste Konjunktiv unklar ist oder ungewöhnliche Formen hat.

Unklar ist die erste Person Singular:

○ *Ich gebe, ich fahre, ich sage, ich schreibe, ich habe.*

Das kann ebensogut Indikativ wie Konjunktiv sein. Setzt man für „ich" die dritte Person ein, dann wird der Konjunktiv erst deutlich:

○ Er sagt, *sein Vater gebe* ihm zuwenig Taschengeld.

Unklar ist auch der ganze Plural:

○ (Er sagte,) *wir geben, ihr gebet, sie geben / wir fahren, ihr fahret, sie fahren / wir schneiden, ihr schneidet, sie schneiden* usw.

Das läßt sich, außer bei *ihr gebet, ihr fahret*, nicht vom Indikativ unterscheiden. Aber diese Form der zweiten Person wird heute allgemein als gekünstelt empfunden. Ebenso die zweite Person Singular:

○ *Du gebest, du fahrest, du sagest, du schreibest.*

Allenfalls *du habest* könnte man als normales Deutsch gelten lassen, und ohne Bedenken wird *du seiest / du seist* – wie der ganze erste Konjunktiv von „sein" – anerkannt:

○ Er läßt dir sagen, *du habest vergessen,* die Tür abzuschließen. Sie schreibt, *du sei[e]st* ihr jederzeit herzlich *willkommen.*

Sonst aber steht die zweite Person im zweiten Konjunktiv:

○ Er sagt, *du solltest* nicht *vergessen,* die Tür abzuschließen. Sie antwortete, *du kämest zu spät.*

Solche Sätze sind allerdings selten. In den allermeisten Fällen steht die indirekte Rede in der dritten Person:

○ Er sagt, *sie solle* nicht *vergessen,* die Tür abzuschließen. Sie antwortete, *er komme zu spät,* der Zug *sei* schon abgefahren. Vater hat angerufen, *er habe* noch eine Sitzung und *komme* erst mit dem Achtuhrzug nach Hause; wir *sollten* schon mit dem Abendessen *anfangen.*

Hier ist der erste Konjunktiv ganz natürlich. Nur beim Plural wird der zweite gewählt *(wir sollten).* Aber merkwürdigerweise denkt hier niemand daran, daß diese Form auch der Indikativ der Vergangenheit sein kann. Wie kommt das?

Der Grund ist wohl, daß eine Form der Vergangenheit in diesem Zusammenhang sinnlos wäre – wir werden unten noch sehen, wie vergangenes Geschehen ausgedrückt wird. Würde aber der Sohn, der das Telefongespräch mit dem Vater geführt hat, sagen: *Wir sollen schon mit dem Abendessen anfangen,* dann erschiene dies den andern Familienmitgliedern als Indikativ. Der Sohn gäbe dann die Anweisung des Vaters „Fangt schon an!" im Indikativ mit „sollen" wieder: *Wir sollen schon anfangen.* Hier empfände also niemand einen Konjunktiv.

Tatsächlich ist der Indikativ in der indirekten Rede gar nicht so selten, besonders in der Alltagssprache. Man gebraucht ihn vor allem dann, wenn man das von einem andern Gesagte vorbehaltlos wiedergibt, weil man keine Zweifel an seiner Richtigkeit hat. Meist steht der Indikativ dann nach der Konjunktion „daß", wodurch die Abhängigkeit vom Hauptsatz ja genügend deutlich wird:

○ Karl schreibt, daß das Wetter *herrlich ist* und daß sie schon dreimal *gebadet haben.*

So auch bei der indirekten Wiedergabe von Fragen im abhängigen Fragesatz:

○ Ursel fragt, ob wir sie um 8 Uhr *abholen können.* Er hat gefragt, wo der Schlüssel *ist.*

In allen diesen Fällen könnte aber der Konjunktiv stehen. Und wer zeigen will, daß das, was er mitteilt, die Äußerung eines Dritten ist, der sollte den Konjunktiv unbedingt vorziehen.

Oft kommt es dem Sprecher gar nicht darauf an. Er will nur berichten, d a ß da etwas gesagt worden ist oder daß irgendwo bestimmte Zustände herrschen oder bestimmte Dinge geschehen sind, von denen er gehört hat. Manchmal gibt er auch einfach die Worte des Gewährsmanns wieder und ändert nur die grammatische Person, wo es nötig ist:

○ (Karl sagt zu Fritz:) *„Ich bin krank!"* – (Fritz erzählt:) „Karl hat gesagt, *er ist krank."* (oder:) „..., *daß er krank ist."*

Aber solch eine Ausdrucksweise ist dann keine indirekte Rede mehr, sondern Bericht (Was hat Karl gesagt? – Daß er krank ist).

Indirekte Rede, das sei hier noch erwähnt, setzt übrigens voraus, daß im Hauptsatz ein Verb des Sagens steht (*sagen, sprechen, rufen, schreien, mitteilen, angeben, äußern, aussagen, berichten, anrufen, schreiben, telegrafieren* usw.) oder daß sich ein solches Verb mühelos ergänzen läßt. Unter Umständen kann auch ein Verb des Meinens vorausgehen *(Er glaubt / meint / denkt, sie habe ihn vergessen).*

Es bleibt also dabei:

● In der indirekten Rede steht der erste Konjunktiv. Formen des ersten Konjunktivs, die nicht eindeutig sind oder die gekünstelt klingen, werden durch die entsprechenden Formen des zweiten Konjunktivs ersetzt.

Dieser Ersatz ist kein Muß. Denn in vielen Fällen geht aus dem Zusammenhang eines Textes ohne weiteres hervor, daß eine Form, die an sich nicht eindeutig ist, doch nur der erste Konjunktiv sein kann. Ein Beispiel:

○ Sie sagte lächelnd zu mir, *ich habe* ja nicht wissen können, daß *sie* verlobt *sei.*

Hier wird die Form *habe* durch den eindeutigen Konjunktiv *sei* als Konjunktiv festgelegt.

Es gibt aber auch Sätze, in denen der zweite Konjunktiv notwendig ist. Immer dann nämlich, wenn schon in der ursprünglichen Rede ein solcher Konjunktiv stand, muß er auch in der Wiedergabe erscheinen:

○ (Karl sagt:) *Ich wäre gern gekommen, wenn ich Zeit gehabt hätte.* (Wiedergabe:) Karl sagte, *er wäre gern gekommen, wenn er Zeit gehabt hätte.* (Irrealer Bedingungssatz, Vgl. S. 65 ff.)

O (Die Mutter sagt:) Das ist wirklich zuviel. *Als ob ich nicht schon genug Sorgen hätte!*(Wiedergabe:) Mutter sagte, das *sei* wirklich zuviel. *Als ob sie nicht schon genug Sorgen hätte.* (Irrealer Vergleichssatz, vgl. S. 183 f.)

Daraus ergibt sich die zweite Regel:

● In der indirekten Rede steht der zweite Konjunktiv, wenn eine Form des ersten Konjunktivs nicht genügt (siehe Regel 1) oder wenn schon die direkte Rede einen zweiten Konjunktiv enthalten hat.

Oft wird der zweite Konjunktiv auch angewandt, wenn man Vorbehalte gegen das Gesagte hat und seine Skepsis ausdrücken will (vgl. unsere Überschrift). Da aber heute sowieso eine Tendenz zu den kräftigeren Formen des zweiten Konjunktivs besteht, sollte man seine Skepsis lieber durch andere Mittel ausdrücken: *Er behauptet / gibt an / prahlt... Manche meinen, daß...*

Mit diesen beiden Regeln lassen sich fast alle Fragen lösen, die der Gebrauch der indirekten Rede stellt. Daß ungewöhnliche Formen des zweiten Konjunktivs durch Umschreibung mit „würde" oder mit einem Modalverb ersetzt werden können, haben wir schon in einem früheren Kapitel gesehen (S. 67). Mit „würde" sollte man in der indirekten Rede jedoch nur dann arbeiten, wenn von einer Bedingung gesprochen wird und wenn sich die ursprüngliche Aussage auf eine Zukunft bezogen hat (diese Zukunft kann inzwischen schon wieder vergangen sein):

O Er schrieb, *wenn ich ihm helfen würde, wolle* er den Versuch *wagen.*

Wir kommen darauf gleich noch zurück.

Die Modalverben jedoch spielen in der indirekten Rede eine große Rolle. Das liegt mit daran, daß sie in der ersten Person und in der häufig gebrauchten dritten Person Singular immer eindeutige Formen haben:

O *Ich könne, dürfe, solle, müsse, wolle ihm helfen. Er könne, dürfe, solle, müsse, wolle sofort abreisen.*

Nur in der zweiten Person Singular und im ganzen Plural tritt auch hier der zweite Konjunktiv ein:

O Er schrieb, *du wolltest / ihr wolltet mich besuchen.* Er sagt, *du dürftest / ihr dürftet nicht tauchen.*

Zum Schluß wollen wir noch einen Blick auf die zeitlichen Angaben werfen. Eine Zeitenfolge im strengen Sinn gibt es hier genausowenig wie sonst in deutschen Konjunktivsätzen. Wohl aber geht aus dem einführenden Satz hervor, ob die direkte Rede früher oder später liegt als ihre indirekte Wiedergabe:

   ○ *Er sagte/Er hat gesagt, ... Er wird sagen, ...*

Wo es auf den zeitlichen Abstand nicht ankommt, kann auch das Präsens stehen:

   ○ *Er sagt / Er schreibt,* daß er sich freue, dich wiederzusehen.

Aber die indirekte Rede selbst gibt immer nur das Tempus wieder, das der ursprüngliche Sprecher gebraucht hat:

   ○ *Ich schreibe* gerade an einem Roman – Der Dichter sagt[e], *er schreibe* gerade an einem Roman.

   ○ *Ich werde* nächste Woche nach Paris *fahren.* – Der Minister sagt[e], *er werde* nächste Woche nach Paris *fahren.*

Für die Vergangenheit muß hier der Konjunktiv des Perfekts eintreten, weil ja der zweite Konjunktiv keinen Zeitbezug hat:

   ○ *Ich fuhr* auf der Bundesstraße 9 in Richtung Worms und *nahm* in Frankenthal einen Anhalter *mit.* – Der Kraftfahrer gab an / gibt an, *er sei* auf der B 9 in Richtung Worms *gefahren* und *habe* in Frankenthal einen Anhalter *mitgenommen.*

   ○ Du wirst doch nicht behaupten: Das *war* alles *umsonst!* – Du wirst doch nicht behaupten, das *sei* alles *umsonst gewesen!*

Manchmal wird es allerdings gut sein, wenn man ein Präsens des Sprechers durch einen Konjunktiv des Futurs wiedergibt. Oft dient ja der Indikativ Präsens als Ersatz für das Futur, doch bei der Wiedergabe ist das nicht deutlich genug. Wir meinen folgenden Fall:

   ○ Fritz sagte: „*Wenn ich Zeit habe, helfe ich dir beim Umzug.*" – Fritz sagte, *wenn er Zeit habe, werde er mir beim Umzug helfen.* (Weniger gut: ..., *helfe er mir beim Umzug.)*

Manche sagen hier statt *werde* lieber *würde.* Das sollte man aber nicht tun, weil *würde* auf eine (oft nicht erfüllbare) Bedingung hinweist:

   ○ Fritz sagte, *er würde mir gerne helfen, wenn er Zeit hätte.*

Dieser Satz besagt, daß Fritz keine Zeit hat. In direkter Rede müßte er lauten:

   ○ *Ich würde dir gerne helfen, wenn ich Zeit hätte.*

Was soll man aber zu folgenden Stellen aus den Zeitungen sagen (Wir könnten sie beliebig vermehren!):

   ○ Sieben Leser gaben an, *sie würden* regelmäßig Fachzeitschriften *lesen.*

   ○ In Italien sagt jeder fünfte Jugendliche, *er würde* Cord gern zum Kirchgang *anziehen.*

○ Der ADAC teilte mit, daß zur Zeit pro Arbeitstag über 3 000 Autofahrer *beitreten würden.*

○ Von der einen Seite wird die Polizei beschuldigt, sie *würde* zu scharf *durchgreifen*, von der andern Seite wird ihr vorgeworfen, sie *sei* in vielem zu *nachgiebig.*

In all diesen Sätzen ist das *würde* überflüssig oder sogar falsch. Der einfache Konjunktiv reicht völlig aus, denn hier wird ja nicht von Bedingungen und Folgerungen geredet, sondern von Tatsachen. Es muß also heißen:

○ ...sie *läsen* regelmäßig Fachzeitschriften. ..., er *ziehe* Cord gern zum Kirchgang *an.* ..., daß zur Zeit pro Arbeitstag 3 000 Autofahrer *beiträten.* ...sie *greife* zu scharf *durch* (oder, da das nur ein Vorwurf ist: ..., sie *griffe* zu scharf *durch).*

Allerdings: Der Konjunktiv verlangt ein wenig Nachdenken, wenn man es richtig machen will. Wie bequem ist doch dagegen das Wörtchen „würde"!

Ach wenn er doch käme und mich mitnähme!

Von nicht erfüllten Bedingungen haben wir früher gesprochen (s. S. 65 ff.). Nun sind die unerfüllten Wünsche an der Reihe. Genau wie beim irrealen Bedingungssatz ist auch beim irrealen Wunschsatz der 2. Konjunktiv notwendig. Und er ist auch im Sprachgebrauch so fest, daß es hier kaum Schwierigkeiten gibt. Die beiden Satzarten hängen eng zusammen:

○ Wenn ich in Düsseldorf *geblieben wäre,* dann... – *Wärst* du doch in Düsseldorf *geblieben! Hättest* du auf mich *gehört,* dann... – Ach wenn ich nur auf dich *gehört hätte!*

Solche für sich stehende Wunschsätze sind also Nebensätze, bei denen der Hauptsatz weggelassen wird:

○ *Könnte* ich dir nur helfen! Ach daß nur alles bald vorüber *wäre!*

Oder, wie es in einem alten Tanzliedchen heißt:

○ Ach wenn er doch *käme* und mich *mitnähme,* damit ich den Leuten aus den Augen raus *käme!*

Während hier immer der Nachsatz verschwiegen wird (..., *dann wäre alles gut.* ..., *dann wäre ich froh.*), geht im a b h ä n g i g e n Wunschsatz ein Hauptsatz voran:

○ *Sie wünschte sehnlichst, daß der Schmerz vorüber wäre. Ich wollte, ich könnte dir helfen.*

Wieder einmal zeigen uns diese Beispiele, daß der 2. Konjunktiv keinen Zeitbezug hat. Er steht bei verpaßten Gelegenheiten der Vergangenheit ebenso wie bei Wünschen für die Gegenwart oder Zukunft.

Ja, der 2. Konjunktiv kann sogar im Hauptsatz stehen, wenn man einen Wunsch nur höflich äußert oder sein Unvermögen in einer Angelegenheit betonen will:

○ *Ich wollte,* ich könnte dir helfen (s. o.). *Ich hätte* gern einen Rollbraten und zwei Koteletts.

Auch das bescheidene *ich möchte* (statt: *ich will*) ist ja nichts anderes als der 2. Konjunktiv von *ich mag.* Daran denken wir gar nicht mehr:

○ *Ich möchte* Ihnen gern helfen. *Möchtest du* noch ein Stück Kuchen?

Es gibt aber auch Wunschsätze im ersten Konjunktiv. Es sind Aufforderungen zum Handeln an eine dritte Person oder Glück- und Segenswünsche:

○ *Man führe ihn herein! Man nehme drei Eiweiß und schlage sie schaumig. Hoch lebe unser Geburtstagskind! Mögest du noch viel Freude an deinen Kindern haben! Der Herr segne dich und behüte dich!*

Dazu gehört auch die Aufforderung an eine Person, die mit „Sie" angeredet wird:

○ *Treten Sie bitte näher! Gehen Sie* sofort zu ihm, und *sagen Sie* ihm, daß er sich beeilen müsse! *Schweigen Sie!*

Ebenso die Aufforderung, in die man sich selbst einbezieht:

○ *Gehen wir jetzt! Hoffen wir,* daß alles gutgeht!

Wir empfinden diesen „Imperativ in der Höflichkeitsform" gar nicht mehr als den Konjunktiv, der er eigentlich ist. Er stimmt ja formal mit dem Indikativ Präsens überein. Daß er ein Konjunktiv ist, zeigt sich aber, wenn wir einen Satz mit „sein" bilden:

○ Bitte *seien Sie* so freundlich und helfen Sie mir! *Seien wir* doch vernünftig!

Denn „sein" bildet ja als einziges Verb einen formal eindeutigen 1. Konjunktiv *(ich sei, du seist, er sei, wir seien, ihr seiet, sie seien).* Viele schließen allerdings irrtümlich diese Aufforderungsform an den Indikativ an und sagen: *Bitte sind Sie so freundlich und helfen Sie mir!* Oder: *Sind wir doch vernünftig!* Das ist falsch! Lassen wir doch dem Verb „sein" seinen Vorrang im Konjunktiv!

Wer aber sagt: *Herr Meier, Sie sind so nett und helfen mir beim Auspacken,* der gebraucht grammatisch richtig den Indikativ. Hier erscheint ja die „gerade" Wortstellung Subjekt-Prädikat („Sie sind", nicht: „seien Sie"). Doch ist dieser Satz im Grunde eine raffinierte

Aufforderung: Der Sprecher stellt einfach fest, daß der andere ihm helfen wird, und Herr Meier fühlt sich denn auch verpflichtet!

Kehren wir aber zum abhängigen Wunschsatz zurück! Und da *wünschen* nicht nur „erhoffen, ersehnen, herbeiwünschen" bedeutet, sondern auch „verlangen, befehlen", betrachten wir den Wunschsatz nun als abhängigen Aufforderungssatz. Er sollte nur dann im 1. Konjunktiv stehen, wenn er indirekte Rede ist (vgl. S. 178):

    ○ Sag ihm, *er möge noch etwas warten.* Sie schrieb, *er solle sich bereithalten/ daß er sich bereithalten solle.* (Ersatzweise 2. Konjunktiv:) Er verlangte, *wir sollten* (für: *wir sollen*) ihn abholen.

Meist aber steht hier – und zwar mit vollem Recht – der Indikativ, weil man damit stärker die Erfüllung des Wunsches betont:

    ○ Er verlangt, *daß du mitkommst.* Der Chef wünscht, *daß du mir die Akte zeigst.* (Alltagssprachlich auch ohne „daß":) Er verlangt, *ich soll ihn begleiten.*

Und erst recht steht der Indikativ bei der verkürzten Form der Aufforderung (mit erhobenem Zeigefinger):

    ○ *Daß du mir aber nicht zu spät kommst!*

Als ob ich das nicht selbst wüßte!

Es gibt viele Nebensätze mit Konjunktiven, aber es ist immer der gleiche Konjunktiv, wenn es darum geht, zu sagen, daß etwas nicht wirklich ist, daß es nur gedacht oder vorgestellt wird. Im Bedingungssatz, im Wunschsatz und auch im Vergleichssatz treffen wir auf diese Situation: *Wenn es so wäre – Wäre es doch so! –* Und nun: *Als ob es so wäre.* Solche irrealen Vergleichssätze sind z. B.:

    ○ Sie tat so, *als ob nichts geschehen wäre.* Er ächzte, *als wenn er eine große Last zu tragen hätte.* Es war kalt, *wie wenn der Winter schon eingezogen wäre.* Das Zimmer ist so hell, *als schiene draußen die Sonne.*

Statt des zweiten Konjunktivs ist oft auch der erste möglich, und der Vergleich gewinnt dann wohl eine größere Wahrscheinlichkeit:

    ○ Er sieht aus, *als ob er krank sei / als sei er krank.* Er legte die Hand ans Ohr, *als könne er mich nicht verstehen.* Sie trat vor die Tür, *als erwarte sie Besuch.*

Steht aber der Vergleichssatz allein, ohne Bindung an einen übergeordneten Satz, dann kann man nur den zweiten Konjunktiv setzen. Der erste ist hier zu schwach:

○ [Das mußte ihr auch noch passieren.] *Als wenn sie nicht schon genug Ärger hätte!* (Nicht : ... habe!) [Eine ganz überflüssige Mahnung!] *Als wüßte er* (nicht: wisse er) *nicht selbst,* was er zu tun hat!

Nur der Indikativ ist in allen diesen Sätzen nicht angebracht. Er kommt auch nur ganz vereinzelt vor. Wohl aber steht der Indikativ, wenn der Vergleich zutrifft:

○ Elke ist größer, *als ihre Mutter im gleichen Alter war.* Peter rief, *wie ein Käuzchen ruft.*

Wer Peters täuschend nachgemachten Ruf hört, der könnte nun vorsichtig sagen (vielleicht ist da ja wirklich eins im Garten):

○ Ist das nicht, *wie wenn ein Käuzchen riefe?* – Ja, das klingt, *wie wenn ein Käuzchen ruft.*

Das sind also – trotz des Konjunktivs im ersten Satz – keine irrealen Vergleichssätze mehr. Und wenn wir nun zurückblicken auf die indirekte Rede, die Bedingungssätze, Wunsch- und Vergleichssätze, dann können wir feststellen, daß der zweite Konjunktiv zwar bevorzugt das Nichtwirkliche, das Irreale bezeichnet, daß er aber noch mehr ist: eine Verbform, die Zweifel, vorsichtige Vermutung, sogar Höflichkeit ausdrücken kann, vor allem aber eine Form, die sich deutlich vom Indikativ Präsens unterscheidet, deutlicher auch als der erste Konjunktiv.

Die, wo der totgeschossen hat, leben alle noch

Der relativische Anschluß mag für diesmal den Abschluß bilden, auch wenn er bestimmt nicht das letzte Sorgenkind der deutschen Satzlehre ist (siehe Überschrift!). Es gibt viele Möglichkeiten, an ein Satzglied weitere Aussagen (Erläuterungen und sonstige Zusätze) anzuschließen. Vor allem sind da die Relativsätze mit ihren Einleitewörtern, den Relativpronomen *der, die, das, welcher, welche, welches, wer, was* und dem Relativadverb *wo* (samt seinen Zusammensetzungen *wofür, womit, wodurch* u. a.).

Die Anwendung der Relativpronomen ist im allgemeinen mehr eine stilistische als eine grammatische Frage. Wir stören uns heute nicht mehr so sehr an der Reihung gleicher Wörter:

○ ein Gast, *der der* Kellnerin noch Geld schuldete; Kinder, *die die* Hauptschule besuchen; das Buch, *das das* Mädchen gekauft hatte.

Bei solchen Sätzen zog man es früher vor, *welcher, welche, welches* zu sagen (ein Gast, *welcher...,* Kinder, *welche ...*) Doch dieses Prono-

men wirkt im Relativsatz etwas schwerfällig. Allenfalls umgeht man
eine dreifache Wiederholung:

○ *Die, die die* beste Arbeit geleistet hatten, wurden nicht erwähnt. (Besser:
Die, welche die...)

Es besteht aber eine Unsicherheit im Gebrauch von „der" und „das"
auf der einen, „wer" und „was" auf der andern Seite.

Weh dem, der lügt! – Alles, was ich weiß

Wo eine bestimmte Person, ein bestimmtes Ding, eine einzelne Erscheinung u. ä. gemeint ist, steht die Form mit „d":

○ Der einzige, *der* mir half, war Peter. Zuerst war es nur Hans, *der* mir zu-
stimmte. Das Kind, *das* sie im Arm hielt, war nicht ihre Tochter. Das Be-
zaubernde, *das* in ihrem Wesen lag, konnte ihn nicht rühren. Das Werkzeug, *das* man an der Ausgabestelle bekommt, ist schlecht.

Hier darf also kein „wer" oder „was" stehen!

Wo aber nur allgemein von Personen, Sachen oder Begriffen die
Rede ist, steht die Form mit „w":

○ *Wer* wagt, gewinnt. *Wer* das kann, ist ein Meister. Verloren ist, *wer* sich
selbst aufgibt. *Was* mich nicht umbringt, macht mich stärker. Alles, *was* ich
weiß, ist... Sie nahmen alles mit, *was* nicht niet- und nagelfest war. Es gibt
nichts, *was* ihn aus der Ruhe bringen könnte.

Allerdings gibt es auch Ausnahmen. Nach einem Demonstrativpronomen (hinweisenden Fürwort), das ja immer auf bestimmte Personen oder Sachen hinweist, steht zwar niemals „wer" (Weh *dem, der*
lügt! *Der* ist verloren, *der* sich selbst aufgibt.) Wohl aber erscheint im
Neutrum unter bestimmten Bedingungen ein „was":

○ Ich erzähle nur *das, was* ich selbst gehört habe. Er sagte *dasselbe, was*
sein Freund schon gesagt hatte. Ich kenne vieles von *dem, was* da gezeigt
wird.

Hier wird das Demonstrativ alleinstehend und ohne Bezug auf ein
vorangehendes oder nachfolgendes Substantiv gebraucht. Anders im
folgenden Beispiel, wo das hinweisende „das" für „das Kind" steht,
also auf die vorher genannten „Kinder" Bezug nimmt:

○ Sie hat mehrere Kinder, aber *das, das* sie im Arm hält, ist nicht ihr eigenes. Ebenso: Ich kenne viele von seinen Bildern, aber ich wußte nichts von
dem, das du jetzt gesehen hast.

In ähnlicher Weise wirken sich unbestimmte Pronomen wie *etwas,
vieles, manches, einiges* aus. Sie werden ganz überwiegend mit „was"
verbunden:

○ Das war *etwas, was* ich nicht erwartet hatte. *Vieles* [von dem], *was* er vorbrachte, war bekannt. Ich entdeckte *manches/einiges, was* mir gefiel. *Das wenige, was* ich habe, genügt nicht.

Gelegentlich kann hier aber auch „das" auftreten, wenn der Sprecher etwas Bestimmtes, Abgegrenztes im Auge hat:

○ Ich habe *etwas* von ihm gehört, *das* ich einfach nicht glauben kann. Es gibt hier *manches, das* ich dir gern gezeigt hätte.

Man sollte hier nicht zu streng sein, sondern der persönlichen Formulierung etwas Raum lassen.

Ganz fest ist aber das „was" beim substantivierten Superlativ (*das Schönste, was*...), weil hier etwas als der Gipfel von allem Vergleichbaren mit Nachdruck herausgehoben wird:

○ Das ist *das Tollste* (= das Tollste von allem), *was* ich je erlebt habe. Dieser Sonnenuntergang war *das Schönste, was* sie je gesehen hatte. Dieser Aufsatz ist *das Dümmste, was* er bisher geschrieben hat. (Aber nicht substantiviert: ... der dümmste [Aufsatz], *den* er bisher geschrieben hat.)

Was ist's aber nun mit unserer Überschrift?

Die, wo der totgeschossen hat...

Der Satz müßte eigentlich in der Darmstädter Mundart dastehen, er stammt aus dem Lustspiel „Datterich" von E. E. Niebergall und bezieht sich auf eine Prahlerei des Helden. Wir zitieren ihn hier als Beispiel lässiger Umgangssprache.

Das Relativadverb *wo* darf in korrektem Deutsch nur räumlich oder zeitlich gebraucht werden:

○ *das Land, wo* die Zitronen blühn; *dort, wo* er wohnt; *überall, wo* Bäume stehen; *jetzt, wo* ich fertig bin; *in dem Augenblick, wo/an dem Tag, wo* du mich brauchst.

Der räumliche Gebrauch ist der ursprüngliche, der zeitliche hat sich erst im 19. Jahrhundert entwickelt und durchgesetzt. Noch heute erscheint er manchen Leuten verdächtig, so daß sie lieber auf das veraltende und gewählte temporale *da* ausweichen (*jetzt, da er*...; *zu der Zeit, da ich*...). Wird aber das relativische *wo* ohne Zeit- oder Raumvorstellung nur auf eine Person oder Sache bezogen, dann sind wir auf der Ebene landschaftlicher Umgangssprache, und zwar in ihrer saloppen Form. Diese Verallgemeinerung des *wo* zum Relativadverb schlechthin hat sich besonders im südwestdeutschen Raum, aber nicht nur dort, ausgebreitet. In der Hochsprache können hier nur die Formen von *der, die, das* stehen:

O das Geld, *das* (nicht: wo) auf der Bank liegt; der Mann, *der* (nicht: wo)
eben vorüberging.

Wer aber beim Einkaufen zwischen Rhein und Neckar einen Satz
hört wie diesen:

O „... un des sin dann die, wo selbscht de größte Saustall habbe zu Haus",

dem wird das drastische „wo" vielleicht gar nicht so deplaziert erscheinen.

Register

Behandelte Wörter sind kursiv gedruckt, Sachbezeichnungen und Autorennamen gerade. Halbfett gedruckte Zahlen verweisen auf die Tabellen.

DUDEN-Taschenbücher
Praxisnahe Helfer zu vielen Themen

DUDENVERLAG
Mannheim/Leipzig/Wien/Zürich

DUDEN-Taschenbücher
Praxisnahe Helfer zu vielen Themen

Band 8:
Wie sagt man in Österreich?
Wörterbuch der österreichischen Besonderheiten
Von Jakob Ebner. 252 Seiten.
Das Buch bringt eine Fülle an Information über alle sprachlichen Eigenheiten, durch die sich die deutsche Sprache in Österreich von dem in Deutschland üblichen Sprachgebrauch unterscheidet.

Band 9:
Wie gebraucht man Fremdwörter richtig?
Ein Wörterbuch mit mehr als 30 000 Anwendungsbeispielen
Von Karl-Heinz Ahlheim. 368 Seiten.
Mit 4 000 Stichwörtern und mehr als 30 000 Anwendungsbeispielen ist dieses Taschenbuch eine praktische Stilfibel des Fremdwortes für den Alltagsgebrauch. Das Buch enthält die wichtigsten Fremdwörter des alltäglichen Sprachgebrauchs sowie häufig vorkommende Fachwörter aus den verschiedensten Bereichen.

Band 10:
Wie sagt der Arzt?
Kleines Synonymwörterbuch der Medizin?
Von Karl-Heinz Ahlheim.
Medizinische Beratung
Dr. med. Albert Braun. 176 Seiten.
Etwa 9 000 medizinische Fachwörter sind in diesem Buch in etwa 750 Wortgruppen von sinn- oder sachverwandten Wörtern zusammengestellt.

Durch die Einbeziehung der gängigen volkstümlichen Bezeichnungen und Verdeutschungen wird es auch dem Laien wertvolle Dienste leisten.

Band 11:
Wörterbuch der Abkürzungen
Rund 38 000 Abkürzungen und was sie bedeuten
Von Josef Werlin. 288 Seiten.
Berücksichtigt werden Abkürzungen, Kurzformen und Zeichen sowohl aus dem allgemeinen Bereich als auch aus allen Fachgebieten.

Band 13:
mahlen oder malen?
Gleichklingende, aber verschieden geschriebene Wörter. In Gruppen dargestellt und ausführlich erläutert
Von Wolfgang Mentrup. 191 Seiten.
Dieser Band behandelt ein schwieriges Rechtschreibproblem: Wörter, die gleich ausgesprochen, aber verschieden geschrieben werden.

Band 14:
Fehlerfreies Deutsch
Grammatische Schwierigkeiten verständlich erklärt
Von Dieter Berger. 204 Seiten.
Viele Fragen zur Grammatik erübrigen sich, wenn Sie dieses Taschenbuch besitzen: Es macht grammatische Regeln verständlich und führt den Benutzer zum richtigen Sprachgebrauch.

DUDENVERLAG
Mannheim/Leipzig/Wien/Zürich

DUDEN-Taschenbücher
Praxisnahe Helfer zu vielen Themen

DUDENVERLAG
Mannheim/Leipzig/Wien/Zürich